JN059149

力学の基礎

辻 義之 著

学術図書出版社

はじめに

　この本では，物体の運動を記述するための方法を勉強する．高校で学習した内容を基に，客観的な記述をするための基礎を学ぶ．物体の運動は，ニュートン (1643-1727)，ラグランジュ (1736-1813)，ハミルトン (1805-1865) の時代にさかのぼり，各々がニュートン力学，ラグランジュ力学，ハミルトン力学と呼ばれ，それらは総称して古典力学と分類されている．物体の運動の記述方法が異なるだけであり，対象としている物体の運動の特性によって，記述する方法を選択するとより簡便な記述ができる．

　我々の身の回りの物体の運動は古典力学で大半は理解できるが，1900 年代に入って，どうしても運動を記述できない場合があることがわかってきた．それらは，光速よりも速く動く物体や，原子や分子などのミクロな物体の運動についてである．このような運動を理解するためには，相対性理論や量子力学の勉強をする必要があるが，それは学部の専門科目として勉強することとなるであろう．

　運動を記述するためには，「言語」が必要となる．古典力学で使われる言語は，数学である．高校では，数学と物理学は，異なった科目として学んできたが，大学では物理学を理解するうえで必須なのが数学と考えてほしい．これからは，物体の運動を 3 次元空間で考える．皆さんが慣れている 1 次元の運動は，ごく限られた場合にのみ観測される．3 次元の物体の位置を表すためには，「ベクトル」が用いられる．物体の運動を記述するのは運動方程式であり，数学の言葉では「微分方程式」となる．ベクトルや微分方程式は，数学科目として勉強してきたであろうが，それらが，物体の運動にどのように使われるのかを具体的事例に当てはめて理解してもらいたい．高校では，物理の公式として暗記していた数式が，運動方程式から一意に導かれ，運動量保存，エネルギー保存を導く過程が明らかになる．そうすることで，これまで学んできた「力学」のいくつかの項目が互いに密接に関連していることを理解できるだろう．これが，高校の力学と大学の力学との違いと考えている．

　大学の講義では，まだ習っていないからわからないという理由から，学びの機会をなくさないようにしてもらいたい．物体の運動を記述するのに，数学のテクニックが必要であれば，その都度学んでいけばよいというのが，本書のめざすところである．

各章の終わりに「アクテブラーニング」をもうけた．本文中では，物理的な解釈を優先して，式変形を詳細に行わない場合があった．なぜ，このような式が導出されるのか，と疑問に思うことであろう．その導出は，皆さんが自身で行えるように解説を丁寧に行ったので，予習・復習に役立ててもらいたい．「演習問題」は，より理解を深めるための問題であり，難しいと感じるかもしれないが，本書を一通り学んだあとに解いてもらうのもよい．

目　　次

1

質点の運動とニュートンの運動法則

　直線上を移動する質点の運動を考える．質点とは体積をもたない，一点に質量が集中した仮想的な球体である．仮想的な球体の力学を学ぶことがどうして重要かを疑問に思うことがあるかもしれない．のちに学ぶことであるが，雨粒の大きさは大気の流れの大きさと比べれば質点と近似しても差し支えない，野球ボールやサッカーボールでも，地球の大きさと比べれば質点としての近似は十分であろう．また，地球と月の間にはたらく万有引力も体積を考えない質点として取り扱われる．つまり，質点の力学は，仮想的な物体の運動を扱うのではなく，現実に起こっている現象を記述する有用なアイデアである．

1.1　変位と移動距離

　x 軸上に置かれた質点の運動を考える (図 1.1)．x 軸上の位置は座標 x で表すことができ，x 座標の値を決めると，質点の位置を確定することができる．質点が時間 t とともに運動している場合には，x 座標は時間 t とともに変化することになるので，t が決まると x 座標が決まる．この場合，x は t の「関数」であると呼ばれ，数式では $x(t)$ と書かれる．特に時刻の範囲を，$t_1 \leq t \leq t_2$ と定める場合もあり，関数とは，t の値が決まると必ず x の値が一意に決まることを表している．

　質点の運動を表すために，質点の移動した距離を定義しておく．時刻 t_1 と t_2 との間に質点の位置が x_1 から x_2 に変化したとして，時間差を $\Delta t = t_2 - t_1$，質点の位置変化を $\Delta x = x_2 - x_1$ と表記する．Δx が Δt に対してどのように変化するのかを調べることが，質点の運動を知る第一歩になる．この Δx を「変位」と呼び，変位は最後の位置と最初の位置が決まれば，一意に定まる．つまり，途中でどのような経路をたどったかは関係なく，変位はプラスにもマイナスにもなる．

　変位と間違えやすいのが，「移動距離」である．「距離」について数学で

図 1.1　1 次元上の質点の運動

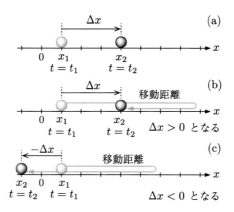

図 1.2 移動距離と変位の関係

学んだことを思いだすと，2 つの点の間の距離とは，2 点を結ぶ線分の長さとして定義される．点と直線の距離は，点からおろした垂線の長さであり，平行な 2 直線間の距離は，互いに垂直な垂線の長さとなる．つまり，「距離」はいつも正（プラス）の値になり，移動距離とは，質点が時々刻々と移動していくときの距離を足し合わせたものになる．従って，移動距離はいつも正の値になる．変位と移動距離を混同しないように，図 1.2 を参照して理解を深めてほしい．

1.2　速度，加速度と微分

質点が時間とともに移動する場合，質点の「速さ」を考える．速さは Δt の時間に Δx だけ移動した場合には，式 (1.1) で表される．

$$V = \frac{\Delta x}{\Delta t} \tag{1.1}$$

横軸に時間 t，縦軸に質点の x 座標をとって，質点の移動に伴う変化を図 1.3 に示す．図 1.3 (a) では，時刻 $t = 0$ において $x = 0$，(b) では $x = x_0$ にある質点である．座標は時間に対して比例関係であり，このグラフの傾きは式 (1.1) より，質点の速さになると理解できる．また，Δt の大きさにかかわらず，速さはどの時刻でも一定になるため，このような質点の運動を「等速度運動」（もしくは「等速直線運動」）と呼ぶ．

次に質点が自由落下する場合を考える．垂直上向きに y 軸として，位置 y と時間 t の関係を図 1.4 (a) に示した．この場合，式 (1.1) に従って速さを計算すると，時刻によって速さが異なることがわかる．つまり，同じ時間間隔 Δt でも，質点の変位 Δx は徐々に大きくなり，速さが増加していると考えられる．質点の位置によって速さが異なる場合には，時間間隔 Δt を極限まで小さくする（$\Delta t \to 0$）ことによって，速さを一意に定めることが

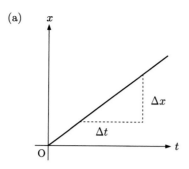

(a)

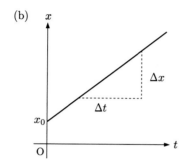

(b)

図 1.3　質点の位置と時間の関係：等速直線運動

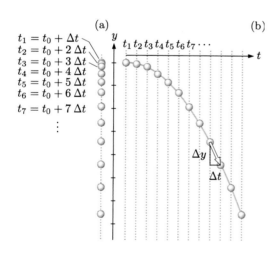

図 1.4　質点の位置と時間の関係：自由落下

でき，「瞬間の速さ」と定義される.

$$瞬間の速さ = \lim_{\Delta t \to 0} \frac{\Delta x}{\Delta t} = \frac{\mathrm{d}x}{\mathrm{d}t} \tag{1.2}$$

　数学の記号を使うと，瞬間の速さは $\mathrm{d}x/\mathrm{d}t$ となり，図 1.4 (b) で示された曲線の接線の傾きとなる. これに対して，式 (1.1) は時間間隔 Δt 内の「平均の速さ」と定義される. 平均の速さと瞬間の速さが一致するのは，等速

直線運動の場合のみである.

　次に質点がバネに固定されて，単振動をしている場合を考える (図 1.5 参照). バネの自然長の位置を x_0 として，釣り合いの位置から a だけバネを引っ張って質点を離すと，質点と床との摩擦は考えない場合，時刻 t に対する座標変化は図 1.5 (b) となる. この運動は単振動と呼ばれ，周期 T で同じ運動を繰り返し，a は振幅と呼ばれる. 瞬間の速さは各時刻 t における位置 x での接線の傾きであり，式 (1.2) から計算されるように，プラスの速さとマイナスの速さが交互にあらわれる. 質点の運動を正確に記述するためには，同じ速さでも運動の方向を含めて考える必要があり，方向を併せ持つ速さを「速度」と定義する. つまり，質点の速度はベクトルとなり，質点がプラス方向に動いたのか，マイナス方向に動いたのかで符号が異なるので，変位もベクトルとなる.

　加速度は速度の変化量として定義されるので，時間間隔 Δt における速度の変化を Δv とすると，瞬間の加速度を定義できる.

$$瞬間の加速度 = \lim_{\Delta t \to 0} \frac{\Delta v}{\Delta t} = \frac{\mathrm{d}^2 x}{\mathrm{d}t^2} \tag{1.3}$$

速度はベクトル量なので，その変化もベクトル量となり，加速度もベクトル量となることが式 (1.3) からわかる. 微分演算やベクトルは，これまで数学科目として勉強をしてきたが，質点の運動を記述することに不可欠になる. 数学と物理学は切っても切り離せない関係にあり，物理現象を客観的に記述する言葉 (道具) が数学となる.

　ニュートンは，時間での微分記号を簡略化して，記号「˙」で表した. 本書でも，ニュートンの記号を用いて速度と加速度を以下のように表記する. ただし，記号「˙」は時間に関する微分のみに用いるので注意してほしい.

$$\dot{x} = \frac{\mathrm{d}x}{\mathrm{d}t} \quad , \quad \ddot{x} = \frac{\mathrm{d}^2 x}{\mathrm{d}t^2} \tag{1.4}$$

例題 1.1　陸上競技の 100 m を 9.58 秒で走る記録が 2009 年に樹立された. スタートでは初速はゼロであるが，徐々に加速をして速度を増していく. この時の平均の速さを求めよ.

解答　平均速度 = (移動距離) / (時間) = 100/9.58 = 10.438 m/s

例題 1.2　プロ野球では，ピッチャーの送球速度をスピードガンで計測している. この速度は瞬時速度である. 150 km/h (時速) を m/s (秒速) の単位に換算するといくらになるか.

解答　1 km = 1000 m, 1 h = 60×60 s, なので $150 \times 10^3 / (60 \times 60)$ = 41.67 m/s

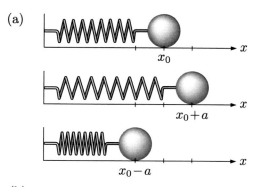

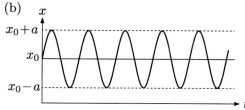

図 1.5 質点の位置と時間の関係：単振動

1.3 移動距離と積分

1 次元の運動を例にとって，変位と移動距離の関係を詳しく考えてみる．質点が Δt の間に移動した距離は，

$$(距離) = (速さ) \times (時間) \tag{1.5}$$

であるから，移動距離を知るためには (速さ) と (時間) の関係が必要となる (図 1.6 参照)．図 1.6 (a) は時刻 $t = 0$ で位置 x_0 にある質点が，x 軸上を一定速度 v_0 で等速直線運動する場合の時刻と位置の関係を表す．また，図 1.6 (b) には対応する速さと時間の関係を示した．速さは一定値 v_0 であり，$\Delta t (= t_2 - t_1)$ での移動距離は斜線の面積

$$(移動距離) = v_0 \times \Delta t = v_0 \times (t_2 - t_1) \tag{1.6}$$

に相当する．一方，変位は

$$\Delta x = x(t_2) - x(t_1) \tag{1.7}$$

であるが，

$$x(t_2) = v_0 \times t_2 \quad , \quad x(t_1) = v_0 \times t_1 \tag{1.8}$$

なので，移動距離と変位は一致する．

次に等加速度運動について考える．もっともよい例は，1 次元の自由落下であろう．図 1.6 (c) には，速さ v_0 で重力方向に放たれた質点の速さと時間の関係を示した．速さは時間に比例して増加し，その増加割合は重力加

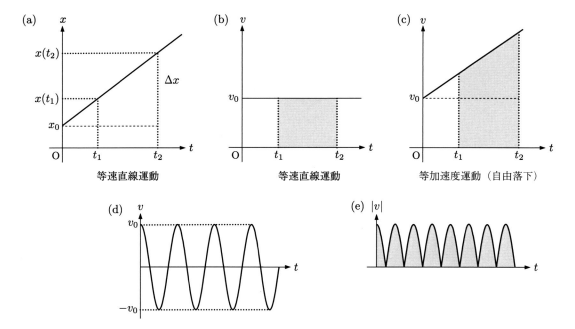

図 1.6 質点の速度と時間の関係. (a) 位置と時間の関係 (等速直線運動), (b) 速度と時間の関係 (等速直線運動), (c) 速度と時間の関係 (等加速度運動, 自由落下), (d) 速度と時間の関係 (単振動), (e) 速度の絶対値と時間の関係 (単振動).

速度 (g) に一致する. したがって, 時刻 t_1, t_2 における質点の速度は

$$v(t_1) = v_0 + gt_1 \quad , \quad v(t_2) = v_0 + gt_2 \tag{1.9}$$

となる. 時間間隔 Δt での移動距離は, 図 1.6(c) の斜線部分の面積に相当する.

$$(\text{移動距離}) = \{(v(t_1) - v_0) + (v(t_2) - v_0)\} \times (t_2 - t_1)/2 + (t_2 - t_1)v_0$$

$$= g(t_2{}^2 - t_1{}^2)/2 + (t_2 - t_1)v_0 \tag{1.10}$$

自由落下の変位と時間の関係は図 1.4 (b) で示した. 徐々に変位は増加していくので瞬時の速さも増加する. その増加割合が重力加速度に一致する. 時間間隔 $\Delta t = t_2 - t_1$ での変位は, $\Delta y = y(t_2) - y(t_1)$ である. 自由落下の場合にも移動距離と変位は一致する.

　一方, 単振動の場合はどうだろう? 図 1.5 (b) に単振動を行う質点の位置と時刻との関係を示した. 同一の単振動に対応する速さと時間の関係を図 1.6 (d) に示した. 移動距離は常に正の値なので縦軸に $|v|$ をとった斜線部分の面積が移動距離になる. 単振動では変位が最大になった時に, (速さ) がゼロになる. しかし, 質点は x 軸上を何度も往復しているので, 移動した距離はゼロにはならない. 変位のグラフをみると, 周期 T の時間で変位

はゼロになるので，移動距離は変位とは一致しないことがわかる．

　移動距離は，図 1.6 (b) と (e) に示した斜線部分の面積に相当する．面積の計算は積分を使うことになる．時刻 t での質点の速度を $v(t)$ と表すと（1次元で考えているので，プラスかマイナスの符号がつく），速さは大きさだけなので，絶対値 $|v(t)|$ となる．時刻 t_1 から t_2 まで積分した値が移動距離となる．

$$移動距離 = \int_{t_1}^{t_2} |v(t)|\,\mathrm{d}t \tag{1.11}$$

一方，変位はベクトルなので符号と大きさを持ち，次式のように計算される．

$$変位 = \int_{t_1}^{t_2} v(t)\,\mathrm{d}t \tag{1.12}$$

　この節のまとめをすると，等速直線運動や自由落下（等加速度直線運動）の場合には，変位と移動距離は一致するが，単振動の場合には両者は一致しない．加速度が変化する場合には，直線運動でも変位と移動距離は異なる．次節で説明する 2 次元，3 次元空間内の質点の運動では，一般には変位と移動距離は一致しない．

1.4　2 次元，3 次元の運動と座標系

　質点の運動を 2 次元，3 次元で考える．図 1.7 には，日常生活でみられるいくつかの例を示す．自転車の車輪についている蛍光板，ハーフパイプスキー，サーカスでのオートバイ，ジェットコースターの動き，など．複雑な質点の運動を調べるためには，1 次元の場合と同様に質点の位置を示すために座標が必要となる．なじみのある座標系は，x 軸，y 軸，z 軸が互いに直交するデカルト座標系である．3 次元空間の質点の位置を一意に決めるためには，3 つの座標が必要となる．

　デカルト座標系は，互いに直交する 3 つの座標軸で張られる空間 (x, y, z) を考える．x 座標の値は，y 座標の値や z 座標の値を使って表すことはできないので（3 つの座標は互いに独立という），3 つの座標を用いて質点の座標が一意に決まる．つまり，3 次元空間内の運動には，3 つの独立な座標系に基づく 3 つの変数が必要となる．

　図 1.8 (a) には，デカルト座標系を示す．質点の座標が一意に決まる座標系は，デカルト座標系以外にもあり，その座標系を (α, β, γ) とする．このとき，座標 (x, y, z) が決まると，かならず 1 つの座標 (α, β, γ) が対応して決まる必要がある．つまり 2 つの座標系の間に 1 対 1 の対応が成り立っていることとなる．また，そのような座標系では，座標 α, β, γ は互いに独立

図 1.7 日常にみられる 2 次元と 3 次元の運動. (a) 自転車の車輪につけた反射板, (b) スキーのハーフパイプ競技, (c) オートバイサーカス, (d) ジェットコースター

でなければならない.

$$x = x(\alpha, \beta, \gamma) \quad , \quad y = y(\alpha, \beta, \gamma) \quad , \quad z = z(\alpha, \beta, \gamma) \tag{1.13}$$

1.4.1 極座標 (2 次元)

平面内の円運動を表す場合には, 2 次元の極座標 (図 1.8 (b)) を用いると便利である. 円運動の半径を r, 基準となる x 軸からの中心角を θ とすると, デカルト座標系 (x, y) との関係は以下となる.

$$x = x(r, \theta) = r\cos(\theta)$$

$$y = y(r, \theta) = r\sin(\theta) \tag{1.14}$$

質点が円周上を移動している場合には, 位置 (x, y) を時間で微分することで, 速度と加速度を計算することができる. 半径 r と θ は時間の関数と

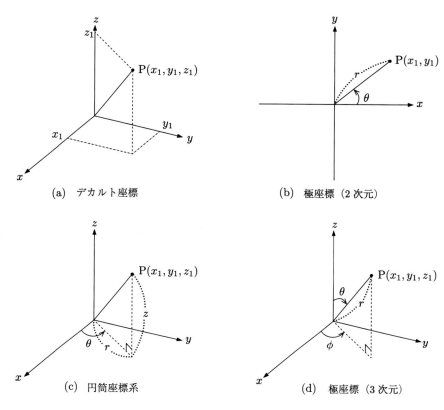

(a) デカルト座標   (b) 極座標 (2 次元)

(c) 円筒座標系   (d) 極座標 (3 次元)

図 1.8 座標系

考えると，以下のようになる．

$$v_x = \dot{x} = \dot{r}\cos(\theta) - r\sin(\theta) \cdot \dot{\theta}$$

$$v_y = \dot{y} = \dot{r}\sin(\theta) + r\cos(\theta) \cdot \dot{\theta} \tag{1.15}$$

$$a_x = \ddot{x} = \ddot{r}\cos(\theta) - 2\dot{r}\sin(\theta) \cdot \dot{\theta} - r\cos(\theta) \cdot \dot{\theta}^2 - r\sin(\theta) \cdot \ddot{\theta}$$

$$a_y = \ddot{y} = \ddot{r}\sin(\theta) + 2\dot{r}\cos(\theta) \cdot \dot{\theta} - r\sin(\theta) \cdot \dot{\theta}^2 + r\cos(\theta) \cdot \ddot{\theta} \tag{1.16}$$

半径が一定の円周を運動する場合には，$\dot{r} = 0$ かつ $\ddot{r} = 0$ と考えればよい．

1.4.2 円筒座標 (3 次元)

　3 次元内の運動を表す座標として，円筒座標系 (図 1.8 (c)) と球座標系 (図 1.8 (d)) がある．円筒座標では，スキーのハーフパイプ競技での選手の移動を思い浮かべてほしい．また，磁場中の荷電粒子の運動もよい例であろう．この場合，z 軸はデカルト座標系の z 軸と同一であり，(x, y) 面内の運動を 2 次元の極座標で表すこととなる．

$$x = x(r, \theta, z) = r\cos(\theta)$$

$$y = y(r, \theta, z) = r\sin(\theta)$$

$$z = z(r, \theta, z) = z \tag{1.17}$$

1.4.3 極座標 (3 次元)

球面上を移動する質点 (たとえば, 図 1.7(c) のオートバイサーカス) については, 3 次元の極座標が便利である. 球の中心から質点までの距離を r, 角度 θ, ϕ を図 1.8 (d) に示したように定義する. この角度の取り方は, 地球表面上の位置を指定するために用いられる. z 軸を北極に一致させ, 北極から赤道方向に測った角度が θ である. (慣例として, 北緯は赤道から測った角度 $(\pi/2 - \theta)$ として表される). 角度 ϕ は基準位置 (イギリスのグリニッジ天文台) からの経度に相当すると考えるとわかりやすいだろう. また, 地球を原点にとって, 惑星の運動を考る場合もあり, z は北極星の方向に一致させ, r を動径, θ 天頂角, ϕ を方位角と呼ぶ.

$$x = x(r, \theta, \phi) = r\sin(\theta)\cos(\phi)$$

$$y = y(r, \theta, \phi) = r\sin(\theta)\sin(\phi)$$

$$z = z(r, \theta, \phi) = r\cos(\theta) \tag{1.18}$$

質点の速度と加速度は, r, θ, ϕ を時間 t の関数と考えて, 以下で与えられる.

$$v_x = \dot{x} = \dot{r}\sin(\theta)\cos(\phi) + r\cos(\theta)\cos(\phi)\cdot\dot{\theta} - r\sin(\theta)\sin(\phi)\cdot\dot{\phi}$$

$$v_y = \dot{y} = \dot{r}\sin(\theta)\sin(\phi) + r\cos(\theta)\sin(\phi)\cdot\dot{\theta} + r\sin(\theta)\cos(\phi)\cdot\dot{\phi}$$

$$v_z = \dot{z} = \dot{r}\cos(\theta) - r\sin(\theta)\cdot\dot{\theta} \tag{1.19}$$

$$\begin{aligned} a_x = \ddot{x} = \ &\ddot{r}\sin(\theta)\cos(\phi) + r\ddot{\theta}\cos(\theta)\cos(\phi) \\ &- r\ddot{\phi}\sin(\theta)\sin(\phi) - r\dot{\theta}^2\sin(\theta)\cos(\phi) \\ &- r\dot{\phi}^2\sin(\theta)\cos(\phi) + 2\dot{r}\dot{\theta}\cos(\theta)\cos(\phi) \\ &- 2\dot{r}\dot{\phi}\sin(\theta)\sin(\phi) - 2r\dot{\theta}\dot{\phi}\cos(\theta)\sin(\phi) \end{aligned} \tag{1.20}$$

$$\begin{aligned} a_y = \ddot{y} = \ &\ddot{r}\sin(\theta)\sin(\phi) + r\ddot{\theta}\cos(\theta)\sin(\phi) \\ &+ r\ddot{\phi}\sin(\theta)\cos(\phi) - r\dot{\theta}^2\sin(\theta)\sin(\phi) \end{aligned}$$

$$- r\dot{\phi}^2 \sin(\theta)\sin(\phi) + 2\dot{r}\dot{\theta}\cos(\theta)\sin(\phi)$$

$$+ 2\dot{r}\dot{\phi}\sin(\theta)\cos(\phi) + 2r\dot{\theta}\dot{\phi}\cos(\theta)\cos(\phi) \tag{1.21}$$

$$a_z = \ddot{z} = \ddot{r}\cos(\theta) - r\ddot{\theta}\sin(\theta)$$

$$- r\dot{\theta}^2\cos(\theta) - 2\dot{r}\dot{\theta}\sin(\theta) \tag{1.22}$$

例題 1.3 サイクロイド：自転車の車輪にとりつけた反射板の軌跡を考える．問題を簡単にするために，半径 r の円が直線上を滑ることなく回転して移動する．この時，円上の定点が描く軌跡を考える．以下の問いに答えなさい．

(1) 円上の定点の座標 (x, y) を θ を媒介変数として表しなさい．

(2) $dx/d\theta$, $dy/d\theta$ を計算しなさい．

(3) $(dy/dx)^2$ を計算しなさい．

解答 2 次元の極座標を用いて，円上の定点の座標を表すと，$x = r(\theta - \sin\theta)$, $y = r(1 - \cos\theta)$. $dx/d\theta = r(1 - \cos\theta)$, $dy/d\theta = r\sin\theta$ であるから，$(dy/dx)^2 = 2r/y - 1$ となる．

1.5 ベクトル表記と質点の運動

2 次元，3 次元空間の質点の運動を表すには，座標系を用いることを説明した．座標が定まることは，原点からの距離と方向が一意に決まることであり，座標と同等にベクトルを用いることができる．ベクトルは座標系によらず，質点の位置を定めることができる．ベクトルも数学で学んだ概念であるが，力学で用いることで，その有用性を確認できる．

ベクトルは記号 → を用いて表すこととし，その大きさは絶対値記号 $|\vec{a}|$ や単に a と表記する．ベクトルは座標によっても示すことができるので，たとえば，デカルト座標系では $\vec{a} = (x_1, y_1, z_1)$ と $\vec{b} = (x_2, y_2, z_2)$ となる．

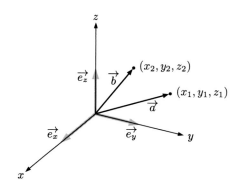

図 1.9 座標のベクトル表記

ベクトルと座標の関係を図 1.9 に示す．x, y, z 軸の各方向を向く大きさ 1 のベクトルを $\vec{e_x} = (1, 0, 0)$，$\vec{e_y} = (0, 1, 0)$，$\vec{e_z} = (0, 0, 1)$ と表し，単位ベクトルと定義する．つまり，$|\vec{e_x}| = |\vec{e_y}| = |\vec{e_z}| = 1$ である．質点の位置は単位ベクトルを用いると，

$$\vec{a} = x_1\vec{e_x} + y_1\vec{e_y} + z_1\vec{e_z} \quad , \quad \vec{b} = x_2\vec{e_x} + y_2\vec{e_y} + z_2\vec{e_z} \tag{1.23}$$

と表すことができる．ベクトルを用いると質点の位置を定めることができ，以降は，質点の運動をベクトルを用いて考える．その際には，等号 "=" で結ばれた右辺と左辺の値が，互いにベクトルの表記になっているのかを常に注意しよう．

1.6　位置ベクトル，速度ベクトル，加速度ベクトル

1 次元の質点の運動を考えるとき，位置，変位，速度，加速度を座標 x を用いて計算した．2 次元，3 次元の場合には，座標の代わりにベクトルを用いて表すことにして，位置ベクトル，速度ベクトル，加速度ベクトルをもちいることとする．2 つのベクトル $\vec{a}$ と $\vec{b}$ の一方を平行移動して他方のベクトルに一致させることができれば，2 つのベクトルは等しいという．ベクトルの大きさがゼロになるとき，ゼロベクトルと呼ぶことにする．$\vec{0}$ と書くべきであるが，特に混乱を起こさない限り，0 と表記する．ベクトルの演算について，図 1.10 を参照しながら以下にまとめる．

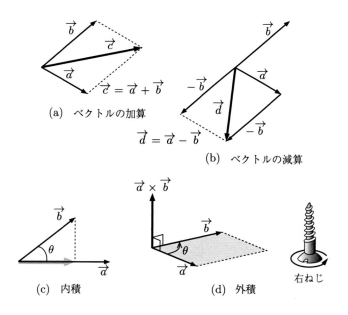

(a)　ベクトルの加算

(b)　ベクトルの減算

(c)　内積

(d)　外積

図 1.10　ベクトルの演算

1.6.1 ベクトルの加算と減算

2つのベクトル $\vec{a}$, $\vec{b}$ の加算 (図 1.10 (a)) と減算 (図 1.10 (b)) は，ベクトル $\vec{a}$ の終点に $\vec{b}$ (もしくは $-\vec{b}$) を平行移動して始点を合わせて足し合わせることで算出できる.

$$\vec{c} = \vec{a} + \vec{b} = (x_1 + x_2)\vec{e_x} + (y_1 + y_2)\vec{e_y} + (z_1 + z_2)\vec{e_z}$$

$$\vec{d} = \vec{a} - \vec{b} = (x_1 - x_2)\vec{e_x} + (y_1 - y_2)\vec{e_y} + (z_1 - z_2)\vec{e_z} \qquad (1.24)$$

1.6.2 ベクトルの内積 (スカラー積, 図 1.10 (c))

$$\vec{a} \cdot \vec{b} = |\vec{a}||\vec{b}| \cos(\theta) = x_1 x_2 + y_1 y_2 + z_1 z_2 \qquad (1.25)$$

ベクトルがなす角度を $\theta(0 \leq \theta \leq \pi)$ とする. 2つのベクトルが等しい場合には，$\theta = 0$ $(\cos(\theta) = 1)$ であるから，$\vec{a} \cdot \vec{a} = |\vec{a}|^2 = a^2$ となる. 2つのベクトルがともにゼロではなく $(\vec{a} \neq 0, \vec{b} \neq 0)$，かつ内積が $\vec{a} \cdot \vec{b} = 0$ となる場合には，$\cos(\theta) = 0$ を満たす必要があり，$\theta = \pi/2$ となる. この場合には，2つのベクトルは直交する. 内積の値は，数値 (スカラー) となるので内積のことをスカラー積と呼ぶこともある.

1.6.3 ベクトルの外積 (ベクトル積, 図 1.10 (d))

2つのベクトルで張られる領域の面積の大きさを持ち，その面の法線方向を向くベクトルをベクトルの外積と定義する. 法線方向を一意に決めるために，$\vec{a}$ を $\vec{b}$ に回転させて重ねる際に右ねじが進む方向を外積ベクトルの方向と定義する.

$$\vec{a} \times \vec{b} = (y_1 z_2 - y_2 z_1)\vec{e_x} + (x_2 z_1 - x_1 z_2)\vec{e_y} + (x_1 y_2 - x_2 y_1)\vec{e_z}$$

$$|\vec{a} \times \vec{b}| = |\vec{a}||\vec{b}| \sin(\theta) \qquad (1.26)$$

内積はベクトル $\vec{a}$ をベクトル $\vec{b}$ 方向に射影して，その長さの積を計算すると理解できる. したがって，内積は大きさのみを持つ量になる. 2つのベクトルが直交する場合には射影はゼロになるので，内積もゼロとなる.

外積はベクトル $\vec{a}$ を平行に移動して平行四辺形を考え，その面積 (大きさ) が式 (1.26) の値となる. その方向は，ベクトル $\vec{a}$ をベクトル $\vec{b}$ 方向に回転させて重ねた場合に，右ねじ (時計回りに回転させたときに進むねじ) が進む方向と定義される. したがって，2つのベクトルを入れ替えた場合には，外積の符号は逆転することになる. $\vec{a} \times \vec{b} = -\vec{b} \times \vec{a}$ となり，交換法則が成り立たない.

ベクトルの演算について，いくつか注意すべき事項をまとめる.

- 加算では，$\vec{a}$ と $\vec{b}$ を入れ替えた場合 (交換法則) も同じ結果になる．

$$\vec{a} + \vec{b} = \vec{b} + \vec{a} \tag{1.27}$$

- ベクトルの内積に関しても，交換法則が成りたつ．

$$\vec{a} \cdot \vec{b} = \vec{b} \cdot \vec{a} \tag{1.28}$$

- ベクトルの外積に関しては，交換法則は成立しない．

$$\vec{a} \times \vec{b} \neq \vec{b} \times \vec{a} \tag{1.29}$$

分配法則と結合法則についてまとめると，以下となる．詳しい証明は (アクティブラーニング) として章末にまとめた．

分配法則

$$(\vec{a} + \vec{b}) \cdot \vec{c} = \vec{a} \cdot \vec{c} + \vec{b} \cdot \vec{c} \tag{1.30}$$

$$(\vec{a} + \vec{b}) \times \vec{c} = \vec{a} \times \vec{c} + \vec{b} \times \vec{c} \tag{1.31}$$

結合法則

$$(\vec{a} \times \vec{b}) \times \vec{c} = (\vec{a} \cdot \vec{c})\vec{b} - (\vec{b} \cdot \vec{c})\vec{a} \tag{1.32}$$

$$\vec{a} \times (\vec{b} \times \vec{c}) = (\vec{a} \cdot \vec{c})\vec{b} - (\vec{a} \cdot \vec{b})\vec{c} \tag{1.33}$$

2つのベクトルの加算，減算，外積の計算結果はベクトルになるが，内積の計算結果は数値 (スカラー) になる．これは，数学の定義なので深く考える必要はなく，物理では質点の運動を内積や外積を用いると，簡便に表記することができるという利点を重視しておきたい．なお，ベクトルの成分表示と三角関数表示は，余弦定理を用いて結び付けられる (アクティブラーニング).

1.7　ニュートンの運動法則

ニュートンによって発見された3つの運動法則は，同等の意味を持ついくつかの表現ができるが，以下のように簡素に述べることができる．

第1法則 (慣性の法則)

力がはたらかなければ，質点は一定速度 $\vec{v}$ で動く

$v \neq$ 一定. 加速運動

非慣性系

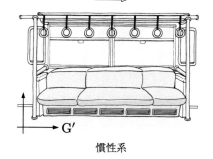

$v =$ 一定. 等速運動

慣性系

図 1.11 非慣性系と慣性系

第 2 法則

質量 m の質点にはたらく力 $\vec{F}$ は,質点の質量に加速度 $\vec{a}$ を掛け合わせたものに等しい.

$$\vec{F} = m\vec{a} \tag{1.34}$$

第 3 法則 (作用・反作用の法則)

1 つの質点 A が他の質点 B に力 $\vec{F}$ を及ぼすとき,質点 A には質点 B による力 $-\vec{F}$ がはたらく.この場合,$\vec{F}$ と $-\vec{F}$ は,A,B を結ぶ直線に沿ってはたらく.

第 1 法則は,力が存在しない場合には,静止している質点は静止したままであり,動いている質点は同じ方向に一定の速さで動き続けることを表している.つまり,速度は一定であることと同じであり,別の表現としては,「力がはたらかない場合には,加速度はゼロである」となる.第 1 法則が成り立つような座標系を定義してみる.たとえば,直線運動をしている列車の中にあるつり革の動きを観察してみる (図 1.11).座標系 G は列車の中に固定されているとする.日常の経験から列車が動き出した時 (即ち加速度運動をしているとき),つり革は進行方向とは逆向きに動くことを知っている.座標系 G では,質点は一定速度をもたず,第 1 法則は成り立たない.動き出した列車は,やがて一定速度で移動するようになる.この時の座標系を G′ とする.座標系 G′ では,つり革は静止したままであり,その状態は変わらない.つまり,第 1 法則が成り立つ座標系が G′ であり,それを慣性系と呼ぶ.一方で第 1 法則が成り立たない座標系 G は,非慣性系と呼ばれる.メリーゴーランドやジェットコースターに乗っているとき,身に着

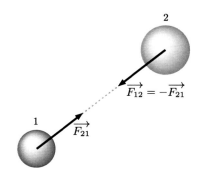

図 1.12　質点にはたらく作用と反作用の力

けている物 (帽子やバッグなど) が突然に移動することを経験した人も多い
だろう．直線的に加速する電車の中だけでなく，回転を伴う運動系も慣性
系とはなりえない．

　第 2 法則は，運動量 ($\vec{p} = m\vec{v}$) を用いて表現することもできる．質量
m は一定であるので，運動量を時間で微分すると，

$$\dot{\vec{p}} = m\dot{\vec{v}} = m\vec{a} \tag{1.35}$$

となる．したがって，第 2 法則を以下のように表現することができる．

$$\vec{F} = \dot{\vec{p}} \tag{1.36}$$

第 2 法則の力と加速度の関係，もしくは，力と運動量変化の関係は，慣性
系でのみ成り立つ．式 (1.36) は質点の運動方程式であり，この式を解けば
質点の運動を一意に記述できる．第 3 章で説明するが，運動方程式は時間
微分を含む形式で一般に表記される．

　第 3 法則は，2 つの質点の間にはたらく力を取り扱う．第 1，第 2 法則が
1 つの質点にはたらく力を対象にしていたことと比べると趣が異なることが
わかる．質点 1 が質点 2 に力 $\vec{F}_{12}$ を及ぼす場合には，質点 2 は質点 1 に力
$\vec{F}_{21}$ を反作用としておよぼす (図 1.12)．手で壁を押した場合，同じ力で壁
が手を押している．もし，壁がなければ倒れてしまうことからも，反作用
を受けていることを実感できるであろう．第 3 法則は，運動量保存則と等
価である．詳しくは，第 5.1 節で説明する．

1.8　質点の運動方程式

　力と質量，加速度の間に成り立つ関係は，式 (1.37) で表記され，ニュー
トンの運動方程式と呼ぶ．高校までの力学と大学で学ぶ力学の相違は，ま
ず，(1) 質点の位置がベクトルを用いて表されることである．それに伴って，
速度，加速度も位置ベクトルとして表記される．次に，(2) 質点の運動は微

初めの方で、「運動の3法則」(Lex I, Lex II, Lex III) がまとめられた部分

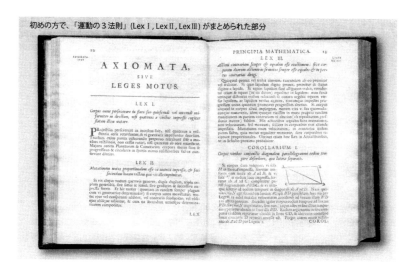

図 1.13 プリンキピア第2版 (名古屋大学所蔵)

図 1.14 ニュートンのリンゴの木と記念碑

分方程式で記述されることである．微分方程式を解くことができると，質点の運動を完全に予測して記述できることになる．

$$m\vec{a} = m\frac{\mathrm{d}^2\vec{r}}{\mathrm{d}t^2} = \vec{F} \tag{1.37}$$

$\vec{F} = (F_x, F_y, F_z)$ とすると，

$$m\ddot{x} = F_x \quad , \quad m\ddot{y} = F_y \quad , \quad m\ddot{z} = F_z \tag{1.38}$$

が成り立つ．$\vec{F}$ が $\vec{r}$ と時間 t の関数としてわかっていれば，上記の微分方程式を解くことから x，y，z が時間の関数として定まる．時刻 $t = 0$ での質点の位置 $\vec{r_0}$，初速度 $\vec{v_0}$ が与えられるとき，これらを初期条件と呼び，微分方程式を解く際の積分定数を決定することに用いられる．

ニュートンは，微分方程式を解く際には，幾何学的な方法を用いていた (流率法)．その成果の集大成は，彼の著作「プリンキピア (自然哲学の数学的諸原理)」にまとめられており，1687 年に初版全 3 巻が出版された．運動の 3 法則が述べられており，名古屋大学には，プリンキピア第 2 版 (1713年出版) が所蔵されている (図 1.13)．また，ニュートンが万有引力の存在を思いついたというリンゴの木から引き継がれた苗木も植えられている (図1.14)．力学の理解が深まった際にでも，プリンキピアの現物やリンゴの木を眺めてみるのもよいであろう．

1.9　単位と単位系

物理量の大きさは，ある基準量と比較してその倍数で表される．この基準として用いる一定の大きさの量を単位 (unit) という．さまざまな物理量を基本量と組み立て量とに区分し，おのおのに基本単位と組立単位を定めて単位系が構成される．力学を考える場合には，互いに独立な基本量として，長さ，時間，質量をとり，これらの単位をそれぞれ，メートル [m]，秒 [s]，キログラム [kg] で表す．その他の量は，この基本単位から構成される単位で，例えば速度は，長さ [m] / 時間 [s] で与えられ，その単位 (組み立て単位) は [m/s] となる．

長さ，質量，時間の単位として，[m]，[kg]，[s] を用いる場合を MKS 単位系と呼ぶ．質量 1 [kg] の質点に作用して，1 [m/s^2] の加速度を生じる力の単位が 1 ニュートン [N] と定義される．長さ，質量，時間の単位として，[cm]，[g]，[s] を用いる場合を CGS 単位系と呼ぶが，ほとんどの場合には MKS 単位系が用いられるので，具体的な物理量を計算する際には単位系をそろえて計算するようにしなければならない．たとえば，運動方程式 (1.37) の両辺は，同じ単位系に統一しておく必要がある．したがって，力の単位に [N] を用いる場合には，他の物理量も MKS 単位系に統一しておく必要がある．

基本量のとり方，基本単位の決め方によって多くの単位系が考えられるので，そのような混乱を避けるために，国際的な取り決めにより統一的な単位系として国際単位系 (SI 単位系) がある．工学や理学を問わず，物理現象の理解には単位の取り扱いが重要となる．よく使われる単位を付表 1 (裏見返し) にまとめたので，必要に応じて参照されたい．

1章のアクティブラーニング

1.1 座標表示

[1] 質点が平面上を移動しているとき，その位置を 2 次元の極座標表示 $(x, y) = (r\cos(\theta), r\sin(\theta))$ で表すことにより，x 方向と y 方向の加速度 (a_x, a_y) が式 (1.16) となることを導きなさい．また，質点が等速円運動をする場合には，加速度の大きさはどうなるか示しなさい．

[2] 質点が半径 r の球面上を移動しているとき，その位置を 3 次元の極座標表示 (図 1.8 (d)) することから，x 方向，y 方向，z 方向の加速度 (a_x, a_y, a_z) が式 (1.20) 〜式 (1.22) となることを導きなさい．

1.2 ベクトルの演算

[1] $\vec{a} = (x_1, y_1, z_1), \vec{b} = (x_2, y_2, z_2)$ とする．このとき，式 (1.25)
$$|\vec{a}||\vec{b}|\cos(\theta) = x_1 x_2 + y_1 y_2 + z_1 z_2$$
が成り立つことを証明しなさい．

[2] $\vec{a} = (x_1, y_1, z_1), \vec{b} = (x_2, y_2, z_2)$ とする．このとき，式 (1.26)
$$\vec{a} \times \vec{b} = (y_1 z_2 - y_2 z_1)\vec{e_x} + (x_2 z_1 - x_1 z_2)\vec{e_y} + (x_1 y_2 - x_2 y_1)\vec{e_z}$$
が成り立つことを証明しなさい．ただし，$(\vec{e_x}, \vec{e_y}, \vec{e_z})$ は，デカルト座標系 (図 1.9) の単位ベクトルとする．

[3] $\vec{a} = (x_1, y_1, z_1), \vec{b} = (x_2, y_2, z_2)$ とする．このとき，内積の交換法則 (式 (1.28)) は成り立つが，外積の交換法則 (式 (1.29)) は，成り立たないことを証明しなさい．

[4] $\vec{a} = (x_1, y_1, z_1), \vec{b} = (x_2, y_2, z_2), \vec{c} = (x_3, y_3, z_3)$ とする．このとき，式 (1.30)，式 (1.31) が成り立つことを証明しなさい．

[5] $\vec{a} = (x_1, y_1, z_1), \vec{b} = (x_2, y_2, z_2), \vec{c} = (x_3, y_3, z_3)$ とする．このとき，式 (1.32)，式 (1.33) が成り立つことを証明しなさい．

[6] 三角形の 3 つの辺の長さを a, b, c とする．このとき，余弦定理 $c^2 = a^2 + b^2 - 2ab\cos\theta$ である．ただし，θ は 2 つの長さ a, b を持つ辺の間の角度とする．余弦定理は，$|\vec{a} - \vec{b}|^2 = a^2 + b^2 - 2\vec{a} \cdot \vec{b}$ の結果であることを証明しなさい．

1.3 慣性系

[1] 慣性系の特徴は，はたらく合力がゼロになる物体の運動は，一定速度で直線運動することである．いま，慣性系 S の原点と同じ高さにある平面に立って，真北の方向に物体を初速 v_0 で移動させる (ただし，平面と物体の間には摩擦ははたらかない)．真東を x 軸，真北を y 軸として，(a) 慣性系から見た物体の位置 (x, y) を時間の関数として示しなさい．

次に 2 人の観測者を考える．1 人は S に対して一定速度 v で真東に移動している．この座標系を S′ とする．他の 1 人は，真東に等加速度運動をしている．この座標系を S″ とする．物体を移動させた初期時刻では，座標系 S, S′, S″ の原点は一致しているとする．このとき，(b) 座標系 S′ における物体の位置 (x', y') をもとめて，S′ から見た物体の軌道を描きなさい．同様に，(c) 座標系 S″ における物体の位置 (x'', y'') をもとめて，S″ から見た物体の軌道を描きなさい．なお，必要となる物理量の記号は適宜，定義しなさい．S′, S″ のどちらが慣性系になりますか．

[2] 一定の角速度 ω で回転する水平な円盤がある．この円盤の近くに立って運動を観測する慣性系を考える．円盤の端から，物体を円盤中心に向かって一定速度で移動させたとき，円盤中心にいる人が観測する物体の運動を説明しなさい．ただし，物体と円盤の間には摩擦ははたらかないものとする．

[3] 2 次元の極座標における単位ベクトルが，$\vec{e_r} = \vec{e_x}\cos(\theta) + \vec{e_y}\sin(\theta)$ で表されることを説明しなさい．また，θ 方向の単位ベクトルを求めなさい．

◆演習問題◆

1.1 図 1.15 は直線状を運動する質点の時間 t と位置 x を示したグラフである．このとき，質点の速度 v と加速度 a の変化を同一時刻のグラフとして示しなさい．

1.2 三角形の面積と頂角について以下の問いに答えなさい．

(a) 三角形の面積 S が以下の式で与えられることを示しなさい．

$$S = \frac{1}{2}|\vec{a} \times \vec{b}| = \frac{1}{2}|\vec{b} \times \vec{c}| = \frac{1}{2}|\vec{c} \times \vec{a}|$$

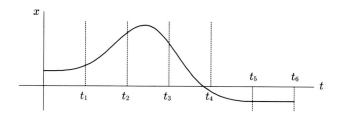

図 1.15

(b) 上記の結果を用いて正弦定理を導きなさい.

$$\frac{a}{\sin(\alpha)} = \frac{b}{\sin(\beta)} = \frac{c}{\sin(\gamma)}$$

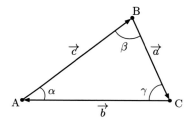

図 1.16

1.3 円柱に巻きつけたひもを引っ張った時, 滑り始める力時の力を見積もってみる. 下図を参考にして, $\mathrm{d}F$ と $\mathrm{d}\theta$ の関係を求めなさい. ただし, 静止摩擦係数を μ とする. $\theta = 0$ のとき $F = F_0$ とする. F を θ の関数として表しなさい. 静止摩擦係数を $\mu = 0.3$ とするとき, ひもを 1 回巻きつけた場合と 2 回巻きつけた場合で, ひもが滑るのに加わる力は何倍に変化するかを求めなさい.

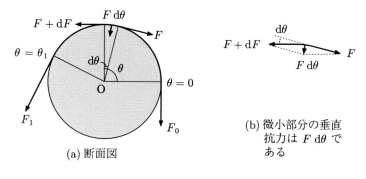

図 1.17

1.4 ハーフパイプの形状をしたスケートボード場を考える. 半径 R のコンクリートの谷でできている. 谷の側面に摩擦のないスケートボードをおいて, 下に向けて手を離すとき, スケートボードの運動を説明しなさい. 角度 ϕ が小さい時のスケートボードの運動の周期を求めなさい.

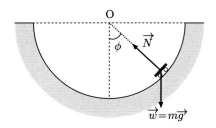

図 1.18

1.5 質点の位置ベクトルが時間 t の関数として以下で与えられているとき，質点の軌道がどうなるかを説明しなさい．

$$\vec{r}(t) = \vec{e_x} b \cos(\omega t)) + \vec{e_y} c \sin(\omega t))$$

ただし，b, c, ω は定数とする．

2 関数とその近似方法

2.1 初等関数

　質点の運動を記述するためには，時間の関数 $x(t)$ を微分したり積分したりすることが必要となる．これまでに，中学校と高校で勉強してきた関数は初等関数と呼ばれ，ベキ乗関数，三角関数，対数関数，指数関数の4つがある．初等関数を表 2.1 にまとめた．これらの関数を組み合わせることで，複雑な物理現象を表すことになる．初等関数は微分と積分を解析的に計算でき，その結果を表 2.2 にまとめておく．

2.2 ベキ級数での近似

　私たちがあつかえる関数は，表 2.1 に示したもののみである．これだけの関数しかないので，関数を組み合わせて複雑な質点の運動を表すことにも限界がある．そこで，既知の関数 $f(x)$ が与えられた際に，その関数のおおよその振る舞いを知るために，$f(x)$ をベキ級数で近似する方法を紹介する．質点の運動では，変位が十分に小さい時，速度が充分に小さい時，などの仮定があれば近似法は有用な方法となる．

　既知の関数 $f(x)$ を x のベキ関数の級数で以下のように表す．

$$f(x) = a_0 + a_1 x + a_2 x^2 + a_3 x^3 + \cdots + a_n x^n = \sum_{k=0}^{n} a_k x^k \qquad (2.1)$$

係数 a_k を決めるにはどうすればよいだろうか．a_0 には x の項がかかっていないので，$x = 0$ を代入すると，$a_0 = f(0)$ となり，a_0 を定めることがで

表 2.1　初等関数一覧

名称	関数の表現
ベキ乗関数	: $f(x) = x^{\alpha}$, 指数 α は整数，実数，複素数
三角関数	: $f(x) = \sin(x), \cos(x), \tan(x)$
対数関数	: $f(x) = \log_{10}(x) = \log(x)$, $f(x) = \log_e(x) = \ln(x)$
指数関数	: $f(x) = e^x = \exp(x)$

表2.2 初等関数の微積分 (a は任意の定数, 積分定数は省略する)

微分:$\mathrm{d}f(x)/\mathrm{d}x$	関数:$f(x)$	積分:$\displaystyle\int f(x)\,\mathrm{d}x$
ax^{a-1}	$x^a\ (a \neq -1)$	$\dfrac{1}{a+1}x^{a+1}$
ax^{a-1}	$x^a\ (a = -1)$	$\log(x)$
$a\cos(ax)$	$\sin(ax)$	$-\dfrac{1}{a}\cos(ax)$
$-a\sin(ax)$	$\cos(ax)$	$\dfrac{1}{a}\sin(ax)$
$\dfrac{a}{\cos^2(ax)}$	$\tan(ax)$	$-\dfrac{1}{a}\log|\cos(ax)|$
$\dfrac{a}{x}$	$\log(ax)$	$x[\log(ax)-1]$
ae^{ax}	e^{ax}	$\dfrac{1}{a}e^{ax}$

きる. 次に式 (2.1) の両辺を x で微分してみる.

$$\frac{\mathrm{d}f(x)}{\mathrm{d}x} = a_1 + 2a_2 x + 3a_3 x^2 + 4a_4 x^3 + \cdots + na_n x^{n-1} = \sum_{k=1}^{n} ka_k x^{k-1} \tag{2.2}$$

すると, 係数 a_1 は x の項を含まないので, 式 (2.1) に $x = 0$ を代入すると, $a_1 = \mathrm{d}f(x=0)/\mathrm{d}x$ となる. もう一度微分をすると,

$$\frac{\mathrm{d}^2 f(x)}{\mathrm{d}x^2} = 2a_2 + 3\cdot 2a_3 x + 4\cdot 3a_4 x^2 + \cdots + n\cdot(n-1)a_n x^{n-2}$$

$$= \sum_{k=2}^{n} k\cdot(k-1)a_k x^{k-2} \tag{2.3}$$

となる. 左辺に $x = 0$ を代入すると, $a_2 = (1/2)\mathrm{d}^2 f(x=0)/\mathrm{d}x^2$ となり, 係数 a_2 を定めることができる. 関数 $f(x)$ を n 階微分した場合の表記を簡略にするために, $\mathrm{d}^n f(x)/\mathrm{d}x^n = f^{(n)}(x)$ と表すことにすると, ベキ級数の係数は以下のように求めることができる.

$$a_n = \frac{1}{n!}f^{(n)}(0) \tag{2.4}$$

既知の関数 $f(x)$ をベキ級数展開 (式 (2.1)) で表し, その係数は式 (2.4) から決定される. n を十分に大きくした際に, 級数が収束するかどうかは重要な問題であるが, ここでは深入りはしない. いずれ数学の講義で学んでほしい (ただし, $f(x)$ が微分できないような点を含まないのであれば, 級数の収束性は問題とはならない). 式 (2.1) を用いると, $x = 0$ 近くの関数 $f(x)$

の振る舞いを近似することができる．2次の微係数までを用いれば，十分に近似は良いと考えられる．

$$f(x) \simeq f(0) + f^{(1)}(0)x + \frac{1}{2}f^{(2)}(0)x^2 \quad , \quad |x| \ll 1 \qquad (2.5)$$

関数の級数展開は，$x = \alpha$ の近傍でも同様に行うことができ，以下にその関係を示す．

$$f(x) = f(\alpha) + f^{(1)}(\alpha)(x - \alpha) + \frac{1}{2!}f^{(2)}(\alpha)(x - \alpha)^2 + \cdots$$

$$= \sum_{k=0}^{n} \frac{1}{k!}f^{(k)}(\alpha)(x - \alpha)^k \qquad (2.6)$$

このようなベキ級数の展開は，テイラー展開と呼び，$\alpha = 0$ の場合を特にマクローリン展開と呼ぶ．質点の運動を記述する際にもよく用いられる．

2.3 オイラーの公式

マクローリン展開を用いた簡単な例を考える．三角関数は微分が何度でもできるので，$x = 0$ の近傍では以下のように級数展開ができる (アクティブラーニング)．

$$\sin(x) = x - \frac{x^3}{3!} + \frac{x^5}{5!} - \frac{x^7}{7!} \cdots$$

$$\cos(x) = 1 - \frac{x^2}{2!} + \frac{x^4}{4!} - \frac{x^6}{6!} \cdots \qquad (2.7)$$

級数展開で近似した様子を図 2.1 に示す．項数を増やしていくと，元の関数に近づいていることが理解できるであろう．では，次に指数関数 $f(z) = e^z$ のマクローリン展開を考える．指数関数も何度でも微分ができ，その関数型は変わらないという特徴がある．

$$e^z = f(0) + f^{(1)}(0)z + \frac{1}{2!}f^{(2)}(0)z^2 + \frac{1}{3!}f^{(3)}(0)z^3 + \cdots$$

$$= 1 + z + \frac{1}{2!}z^2 + \frac{1}{3!}z^3 + \cdots \qquad (2.8)$$

指数関数の近似の様子も図 2.2 に示す．z は実数に限らず複素数でもよいので，$z = ix$ として式 (2.8) に代入をすると，次式となる．ただし，i は虚数単位とする．

$$e^{ix} = 1 + ix + \frac{1}{2!}(ix)^2 + \frac{1}{3!}(ix)^3 + \frac{1}{4!}(ix)^4 + \frac{1}{5!}(ix)^5 + \cdots$$

$$= (1 - \frac{x^2}{2!} + \frac{x^4}{4!} \cdots) + i(x - \frac{x^3}{3!} + \frac{x^5}{5!} \cdots) \qquad (2.9)$$

実部と虚部にまとめると，各々が式 (2.7) で導いた三角関数のマクローリン展開であることがわかる．従って，$z = ix$ とした指数関数は，

$$e^{ix} = \cos(x) + i\sin(x) \qquad (2.10)$$

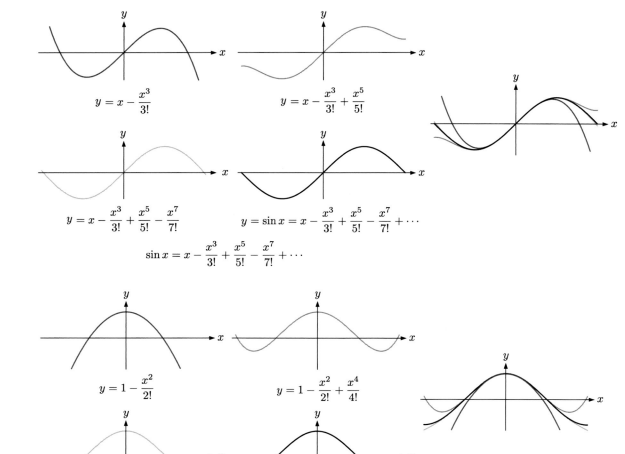

$$\sin x = x - \frac{x^3}{3!} + \frac{x^5}{5!} - \frac{x^7}{7!} + \cdots$$

$$\cos x = 1 - \frac{x^2}{2!} + \frac{x^4}{4!} - \frac{x^6}{6!} + \cdots$$

図 2.1　三角関数のマクローリン展開

と表される．この関係式をオイラーの公式と呼ぶ．次の章で述べる微分方程式を解く際にも用いられる有用な関係式である．また，指数関数，三角関数，虚数単位を結び付けたとても美しい関係である．

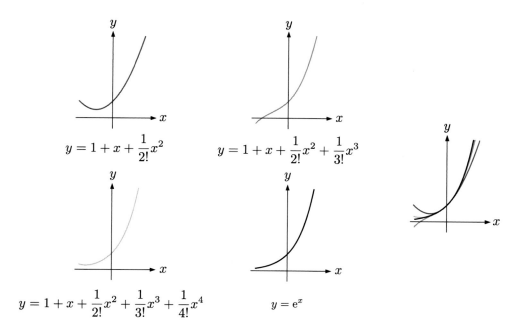

$$y = 1 + x + \frac{1}{2!}x^2$$

$$y = 1 + x + \frac{1}{2!}x^2 + \frac{1}{3!}x^3$$

$$y = 1 + x + \frac{1}{2!}x^2 + \frac{1}{3!}x^3 + \frac{1}{4!}x^4$$

$$y = \mathrm{e}^x$$

図 2.2 指数関数のマクローリン展開

2章のアクティブラーニング

2.1 テイラー展開

[**1**] 式 (2.1) と式 (2.4) を用いることで,式 (2.6) が成り立つことを証明し
なさい.

[**2**] $f(x) = \sin(x)$, $g(x) = \cos(x)$ をマクローリン展開すると,式 (2.7) と
なることを証明しなさい.

[**3**] $f(x) = \sin(x)$ において,$x = 10°$ のときの近似値をマクローリン展開
の 1 次の値として求めなさい.1 次の値とは,式 (2.7) において $k = 1$ ま
での近似値をいう.また,3 次の項までを加えた場合の値を計算しなさい.
それらを厳密値 $f(10°)$ と比較しなさい.厳密値 $f(10°)$ を求める際には,
電卓を使って,小数点以下 3 桁までを計算しなさい.

[**4**] 指数関数 e^{ix} のマクローリン展開が式 (2.9) になることを証明しなさい.

[**5**] 関数 $f(x) = \log(x)$ を $x = 1$ の近傍でテイラー展開をして,5 次まで係
数を求めなさい.

[**6**] 関数 $f(x) = e^{x^2}$ を $x = 1$ の近傍でテイラー展開をして,5 次まで係数
を求めなさい.

◆◆演習問題◆◆

2.1 関数 $f(x) = \log(1 + x)$ をマクローリン展開しなさい．n 次の展開係数をもとめなさい．

2.2 関数 $f(x) = (1 + x)^{\alpha}$ をマクローリン展開しなさい．n 次の展開係数をもとめなさい．

2.3 関数 $f(x) = \tan(x)$ をマクローリン展開して，5 次の係数まで求めなさい．5 次までの展開式を用いて $\tan(0.5)$ の値を小数第 2 位まで求めなさい．また，次の極限値を求めなさい．

$$\lim_{x \to 0} \frac{\tan(x) - \sin(x)}{x^3}$$

2.4 相対論では，物体のエネルギー E と運動量 p の関係が $E^2 = (mc^2)^2 + p^2 c^2$ で表される．ここで，m は物体の質量，c は光速とする．E を p の関数として考えると，$E(p) = \sqrt{(mc^2)^2 + p^2 c^2}$ となる．$p \ll mc$ であることを用いて，次の近似式を導きなさい．

$$E(p) = mc^2 + \frac{p^2}{2m} - \frac{p^4}{8m^3 c^2} + \cdots$$

3

質点の力学と微分方程式

　質点の運動を考えるには，微小時間の変位を考える必要がある．微小時間 dt における位置変化を dx とすると，それは，数学記号では dx/dt や d^2x/dt^2 となる．ニュートンは時間に関する微分を簡略化して，

$$\dot{x} \equiv dx/dt \quad , \quad \ddot{x} \equiv d^2x/dt^2 \tag{3.1}$$

のように表記した．これをニュートンの表記法と呼ぶ．質点の運動を考えるためには，その運動方程式を立てる必要がある．運動方程式は微分を含んだ形式になっているので，そのための簡単な微分方程式の解き方を説明する．第 4 章で扱う具体的な問題を読んで，その都度，本章にもどって理解をしてもらってもよい．質点の運動が運動方程式を立てることで一意に決まること．その方程式が解析的に解くことができることを大学で勉強してほしい．

3.1　微分方程式とは？

　高校の数学では，いろいろな方程式を勉強してきた．たとえば，未知変数を x とする，1 次方程式

$$2x + 1 = 0 \tag{3.2}$$

それから，未知変数を x とする，2 次方程式

$$3x^2 + 2x + 1 = 0 \tag{3.3}$$

がある．また，未知変数が x,y となる連立方程式がある．

$$2x + y - 4 = 0$$
$$x + 3y - 7 = 0 \tag{3.4}$$

これらはすべて，未知なる「変数」x や y を求めるための方程式であった．これに対して，関数 $f(x)$ がわからない (未知関数) 場合を考える．関数に対しては，微分や積分が作用されるが，関数を微分する場合を考えよう．1 階の微分を用いる場合には，

$$\frac{df(x)}{dx} - 2x + 1 = 0 \tag{3.5}$$

同様に，$f(x)$ を 2 階微分した場合には，

$$\frac{\mathrm{d}^2 f(x)}{\mathrm{d}x^2} + 3\frac{\mathrm{d}f(x)}{\mathrm{d}x} + x + 1 = 0 \tag{3.6}$$

となる．これらを 1 階の微分方程式，2 階の微分方程式と呼ぶ．特に，f が x のみの関数である場合には，常微分方程式と呼ばれる．f が x と y の関数であるとき $f(x, y)$ となるが，f が従う微分方程式は偏微分方程式と呼ばれる．質点の座標 x が時間の関数 $x(t)$ とすると，1 階の微分は質点の速度，2 階の微分は加速度を表すと考えるとわかりやすい．微分方程式とは，微分で表記された未知なる「関数」を求める方程式と理解できるであろう．

3.2　微分方程式とその解き方

力学で質点の運動を考える場合には，座標 (x, y, z) を時間 t の関数と考える．加速度運動は，位置ベクトル $\vec{x}$ を 2 回微分する，もしくは速度 $\vec{v}$ を 1 回微分する必要があるので，2 階微分方程式が解ければよい．

3.2.1　積分のみで解を求める

時間の関数 $x(t)$ を考え，x を時間で 1 階微分した場合を考える．1 階の微分は質点の速度を表す．

$$\frac{\mathrm{d}x}{\mathrm{d}t} + f(t) = 0 \tag{3.7}$$

同様に，$x(t)$ を 2 回微分した場合を考える．2 回の微分は加速度を表す．

$$\frac{\mathrm{d}^2 x}{\mathrm{d}t^2} + g(t) = 0 \tag{3.8}$$

関数 $f(t)$ と $g(t)$ は，既知の時間 t のみの関数とする．この場合には，両辺を時間 t で積分をすることで，関数 $x(t)$ を求めることができる．

$$x(t) = -\int f(t)\,\mathrm{d}t + C_1 \tag{3.9}$$

$$x(t) = -\iint g(t)\,\mathrm{d}t\,\mathrm{d}t + C_2 t + C_3 \tag{3.10}$$

ここで，C_1, C_2, C_3 は未定係数と呼ばれる積分定数になる．

3.2.2　1 階の微分方程式の解き方

前節では，関数 $f(t)$ や $g(t)$ は既知の関数であった．では，微分項以外に未知関数 $x(t)$ を含む場合を考える．ただし，係数 a は定数とする．

$$\frac{\mathrm{d}x}{\mathrm{d}t} + ax(t) = 0 \tag{3.11}$$

この 1 階の微分方程式では，$x(t)$ を微分した関数と，$x(t)$ が同じ型になっており，その和がゼロになることを表している．表 2.2 をみると，初等関数の中でこのような性質をもつものは，指数関数しかない．そこで，微分方程式の解は，指数関数 $\exp(pt)$ (ただし，p は定数) と仮定して，式 (3.11) に代入してみると，

$$p\exp(pt) + a\exp(pt) = (p+a)\exp(pt) = 0 \qquad (3.12)$$

となる．指数関数 $\exp(pt)$ は，$-\infty < t < +\infty$ において $\exp(pt) \neq 0$ であるので，右辺がゼロになるためには，$p+a=0$ の場合だけとなる．つまり，$x(t) = \exp(-at)$ は，微分方程式 (3.11) を満たしており，微分方程式の解と呼ばれる．任意の定数 C を乗じた以下の関数も微分方程式の解になっている．

$$x(t) = C\exp(-at) \qquad (3.13)$$

式 (3.13) を微分方程式 (3.11) の一般解と呼ぶ．

3.2.3　2 階の微分方程式の解き方

次に定数係数 $a(> 0)$, $b(> 0)$ をもつ 2 階の微分方程式を考える．係数が "2"a となっているが，計算結果を見やすくするための工夫と考えてもらいたい．

$$\frac{\mathrm{d}^2 x}{\mathrm{d}t^2} + 2a\frac{\mathrm{d}x}{\mathrm{d}t} + bx(t) = 0 \qquad (3.14)$$

2 階微分した関数，1 階微分の関数と同じ型を持つ初等関数は，指数関数しかないので，未定係数 q を用いて，微分方程式の解を $\exp(qt)$ と仮定して，式 (3.14) に代入する．1 階微分方程式の場合と同様にして，

$$q^2\exp(qt) + 2aq\exp(qt) + b\exp(qt) = (q^2 + 2aq + b)\exp(qt) = 0 \quad (3.15)$$

となる．指数関数 $\exp(qt)$ は，$-\infty < t < +\infty$ において $\exp(qt) \neq 0$ であるから，式 (3.15) が成り立つためには，

$$q^2 + 2aq + b = 0 \qquad (3.16)$$

を満たす q を決める必要がある．式 (3.16) を特性方程式と呼び，その根を固有値と呼ぶ．実は 1 階の微分方程式で求めた，$p+a=0$ も特性方程式になり，$-a$ が根となる．よって，特性方程式 (3.16) の根 (固有値) は，以下となる．

$$q_1 = -a + \sqrt{a^2 - b} \quad , \quad q_2 = -a - \sqrt{a^2 - b} \qquad (3.17)$$

従って，微分方程式 (3.14) の一般解は，任意の係数 C_1, C_2 を乗じた

$$x(t) = C_1\exp(q_1 t) + C_2\exp(q_2 t) \qquad (3.18)$$

によって与えられる．では，式 (3.18) によって表される質点の位置を時間の関数として詳しく調べてみる．具体的な例は，抗力が作用する単振動の運動を表しており，第 6 章で説明する物理的な現象と対比させて理解を進めてもらえればよい．ここでは，特性方程式の解によって，(a) $a^2 - b > 0$，(b) $a^2 - b < 0$, (c) $a^2 - b = 0$ の 3 つの場合に分類して解を導出しておく．

(a) $a^2 - b > 0$ の場合には，係数がともに正 $(a > 0, b > 0)$ であることから，$q_1 < 0, q_2 < 0$ となる．従って，$t \to +\infty$ では，$x(t) \to 0$ となる．

(b) $a^2 - b < 0$ の場合には，q_1, q_2 は虚数となる．虚数単位 i を用いると，$q_1 = -a + \sqrt{b - a^2}i$，$q_2 = -a - \sqrt{b - a^2}i$ となる．式 (3.18) に代入をして，オイラーの公式を用いて変形すると (アクティブラーニング)，次式となる．

$$x(t) = \exp(-at) \left[(C_1 + C_2) \cos(\sqrt{b - a^2}t) \right.$$
$$\left. + i(C_1 - C_2) \sin(\sqrt{b - a^2}t) \right] \qquad (3.19)$$

(c) $a^2 - b = 0$ の場合には，一般解は $x(t) = C_3 \exp(-at)$ となる (ただし，$C_3 = C_1 + C_2$)．しかし，重根の場合には他にも式 (3.14) を満たす解がある．それを加えた一般解は次式となる (アクティブラーニング)．

$$x(t) = C_3 \exp(-at) + C_4 t \exp(-at) \qquad (3.20)$$

3.3　ニュートンの幾何学的微分法

　ニュートンは運動の法則を微分方程式という概念を使わずに，慣性運動と落下運動の合成として理解していたことが，プリンキピアには述べられている．彼が生み出した数学的な手法，流率法 (幾何学的微分法) とは何なのか？　簡単に触れてみたい．

　ニュートンは物体の運動の変化を表すために，幾何学的な手法を持ちた．図 3.1 は，水平に等速運動する質点が，台の縁から自由空間へ投げ出された後の運動を表している．水平方向には慣性運動をつづけ，垂直方向には自由落下をする．この 2 つの運動を幾何学的に重ね合わせることで，質点の運動を記述する方法が，幾何学的微分法と呼ばれる．この方法では，初期条件と質点の運動をともに扱わなければいけないので，問題ごとの設定が必要になる．一方で，微分方程式は，初期条件と運動を別個に取り扱うことができる．微分方程式を発展させたのは，ライプニッツやヨーロッパ大陸の研究者たちである．

　もう 1 つの例は，太陽からの力 (万有引力) のみを受けて運動する惑星の軌道である．点 A にある惑星が点 S にある太陽から力を受けて等速運動を

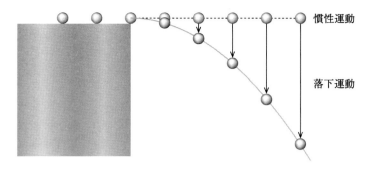

質点の軌道 = 慣性運動 + 落下運動

図 3.1 ニュートンの流率法

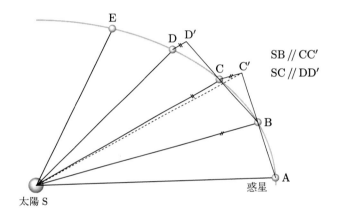

SB // CC′
SC // DD′

図 3.2 太陽からの引力を受けて運動する惑星

している (図 3.2)．Δt 秒の間に惑星は点 B まで移動する．次の Δt 秒の間の惑星の運動を考えてみる．もし，太陽からの力を受けないとすると，B 点にいる惑星は直線運動をして点 C′ に移ることとなる (このとき，AB=BC′)．しかし，太陽から $\overrightarrow{BS}$ 方向の力を受けているので，惑星の軌道は点 C′ からずれて点 C となる．この時の惑星が受ける力は，$\overrightarrow{BS}$ と平行な，$\overrightarrow{C'C}$ となる．いま，太陽から受ける力の大きさは，大きくても小さくてもよいこととする．何らかの力を受けている場合には，惑星の軌道が点 C′ から点 C に $\overrightarrow{BS}$ 方向に移動する．このとき，三角形 SAB と三角形 SBC′ の面積は同一となる．

$$\triangle\text{SAB} = \triangle\text{SBC}' \tag{3.21}$$

なぜなら惑星の移動速度は一定であり，AB=BC′ であるから，それらを底辺とする三角形の高さが共通になるからである．次に，三角形 SBC を考えてみる．辺 SB を底辺とする三角形を考えると，BS と C′C が平行であることから，三角形 SBC′ と三角形 SBC の高さは共通となる．したがって，2

つの三角形の面積は等しくなる.

$$\triangle \mathrm{SBC'} = \triangle \mathrm{SBC} \tag{3.22}$$

よって, 式 (3.21) と式 (3.22) から,

$$\triangle \mathrm{SAB} = \triangle \mathrm{SBC} \tag{3.23}$$

ここで, Δt を限りなく 0 に近づけると, 惑星の軌道はなめらかな弧となることが予想できるだろう.

惑星が太陽からの力のだけを受けて運動する場合には, 惑星と太陽を結ぶ線分が一定時間に通過する面積が同じになることがわかる. 後に述べるケプラーの面積速度一定の法則である. ニュートンは, ケプラーが膨大な実験データから経験的に見出した法則を, 幾何学的な方法で証明したのである. 惑星の運動は時々刻々と変化を伴う運動で, 今では微分という概念で理解されるが, 彼はその運動変化を幾何学的に扱う方法を確立した. より詳しい説明は 7 章にあるが, ケプラーは惑星の軌道が円ではなく楕円になることを見出している. どのような力を太陽から惑星が受けると惑星の軌道が楕円になるのかを幾何学的微分法で証明したことが, ニュートンの功績であり, 古典力学の誕生と考えられている.

3 章のアクティブラーニング

3.1 微分方程式

[1] 1 階微分方程式:式 (3.7) において, $f(t) = at$ (ただし, a は定数) のとき, 微分方程式を解いて $x(t)$ を求めなさい. ただし, 初期条件として $t = 0$ のとき, $x = 0$ とする.

[2] 2 微分方程式:式 (3.8) において, $g(t) = bt^2$ (ただし, b は定数) のとき, 微分方程式を解いて $x(t)$ を求めなさい. ただし, 初期条件として $t = 0$ のとき, $x = 0$, $\dot{x} = 1$, とする.

[3] 2 階微分方程式の特性方程式の根が式 (3.17) で表される. $a^2 > b$, $a > 0, b > 0$ のとき, q_1, q_2 はともに負となることを証明しなさい.

[4] 2 階微分方程式の特性方程式の根が式 (3.17) で表される. $a^2 - b < 0$ の場合には, q_1, q_2 は虚数となる. 虚数単位 i を用いると, $q_1 = -a + \sqrt{b - a^2}i$, $q_2 = -a - \sqrt{b - a^2}i$ となる. q_1, q_2 を式 (3.18) に代入して, 式 (3.19) を導きなさい.

[5] 2階微分方程式の特性方程式の根が式 (3.17) で表される. $a^2 - b = 0$ の場合には，式 (3.20) が微分方程式の解となることを式 (3.14) に直接に代入することで示しなさい.

3.2 幾何学的微分法

[1] 図 3.1 において，水平方向を x 軸，垂直下向きを y 軸とする. 初速度 v_0 で水平に投げ出された質点の x 座標，y 座標を時刻 t の関数として表しなさい. ただし，質点の質量は m として，垂直下向きに重力のみを受ける.

[2] 半径 r の円周上を等速度 v で運動する質点を考える. 質点と中心を結ぶ線分が一定時間に掃き去る面積は一定であることを証明しなさい.

◆演習問題◆

3.1 x と y の関係が，$y = 2C_1 x + C_2 x^2$ で与えられているとする. C_1 と C_2 を消去することから，y の従う微分方程式を導きなさい.

3.2 原点を通り，x 軸上に中心を有する全ての円と直交する曲線が従う微分方程式を求めなさい.

3.3 括弧内の関数が，与えられた微分方程式の解となることを示しなさい. ただし，$y' = dy/dx$ とする.

(1) $y' - y + x = 0 \ (y = C \exp x + x + 1)$

(2) $xy' + y + 4 = 0 \ (y = C/x - 4)$

(3) $xy' + 2y = 0 \ (x^2 y = C)$

3.4 次の微分方程式を解いて，一般解を求めなさい.

$$(1 + x^2)y' + (1 + y^2) = 0$$

3.5 次の微分方程式を，$u = y/x$ と置くことで，u の微分方程式を導きなさい. u の一般解を求めなさい.

$$x^2 + y^2 - 2xyy' = 0$$

4

質点の力学と運動法則

　本章では質点の運動を表す運動方程式 (微分方程式) をたてて，それを解くことから質点運動を具体的に考えてみたい．質点には抗力などの外力がはたらく場合を考えることで，より詳しく現象を理解することを目的とする.

4.1　重力がはたらく時の運動

　水平面と垂直下向きにはたらく重力を考える (図 4.1 参照)．質量 m の質点にはたらく力の大きさ F は，

$$F = mg \tag{4.1}$$

で与えられる．ここで，g は重力加速度であり，$g = 9.81\,[\mathrm{m/s^2}]$ の大きさを持つ (正確には，地球上の緯度によって異なる)．質点が重力のみを受けて落下する (自由落下) 場合を考える．垂直下向きを正として x 軸をとると，運動方程式は

$$m\ddot{x} = mg \tag{4.2}$$

となる．質点は一定の加速度 g をもつ等加速度運動をする (図 1.4 参照)．式 (4.2) の両辺を m で割ってから，t で積分すると，

$$v = \dot{x} = gt + C_1 \tag{4.3}$$

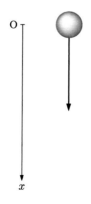

図 4.1　自由落下する質点の運動

ここで，C_1 は積分定数である．$t = 0$ での速度を v_0 とすると，$C_1 = v_0$ となり，

$$v = gt + v_0 \tag{4.4}$$

さらに，t で積分をする．$t = 0$ での位置を x_0 とすることで，

$$x = \frac{1}{2}gt^2 + v_0 t + x_0 \tag{4.5}$$

が得られる．式 (4.4) と式 (4.5) から時間 t を消去すると，速度と座標の関係が導かれる．つまり，$t = (v - v_0)/g$ を代入すると，

$$x - x_0 = \frac{1}{2}\frac{(v - v_0)^2}{g} + v_0 \frac{(v - v_0)}{g} \tag{4.6}$$

初期位置を $x_0 = 0$ とおくと，

$$2gx = v^2 - {v_0}^2 \tag{4.7}$$

となる．上式はエネルギー保存則と関係するが，詳しくは 5.2 節で説明する．

次に，質点を斜めに投げ上げる場合を考える．座標系を図 4.2 のようにとり，角度 (迎角) を θ として，(x, y) 面内に初速度 v_0 で投げ上げる．重力は垂直下向きにはたらくことになるので，質点の運動方程式は

$$m\ddot{x} = 0 \quad , \quad m\ddot{y} = -mg \quad , \quad m\ddot{z} = 0 \tag{4.8}$$

となる．ただし，質点にかかる空気の抵抗は考えず，初期条件は，時刻 $t = 0$ における速度と座標を

$$\begin{cases} \dot{x} = v_0 \cos\theta \quad , \quad x = 0 \\ \dot{y} = v_0 \sin\theta \quad , \quad y = 0 \\ \dot{z} = 0 \quad , \quad z = 0 \end{cases} \tag{4.9}$$

と与える．運動方程式を積分すると，

$$x = v_0 t \cos\theta \quad , \quad y = -\frac{1}{2}gt^2 + v_0 t \sin\theta \quad , \quad z = 0 \tag{4.10}$$

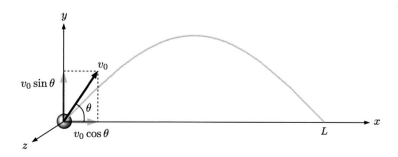

図 4.2　2 次元での質点の投げ上げ運動

となる．z 方向の座標は，t に依存しないので，質点の運動は (x, y) 平面内における自由度が 2 の運動である．時間 t を消去すると，

$$y = x\tan\theta - \frac{g}{2v_0{}^2\cos^2\theta}x^2 \tag{4.11}$$

となり，質点の描く軌跡は放物線となる．投げ上げた質点が，再び水平面に到達するのは，$y = 0$ を代入して求めることができる．その到達距離を L とすると，

$$L = \frac{2v_0{}^2\cos^2\theta}{g}\tan\theta = \frac{2v_0{}^2\cos\theta\sin\theta}{g} = \frac{v_0{}^2\sin 2\theta}{g} \tag{4.12}$$

到達距離 L が最大になるのは，$\sin 2\theta = 1$ すなわち，$\theta = \pi/4$ であることもわかる．最大到達距離 $L_{\max} = v_0{}^2/g$ であり，投げ上げ速度の 2 乗に比例する．

4.2 抵抗を受ける物体の垂直方向の運動

自転車で走っていると，空気から抵抗を受けることは誰でも知っている．また，速く走れば走るほどその抵抗が大きくなることも経験的に感じているだろう．物体が自由落下する際にも空気から抗力をうけて運動をする．一般に抗力は速さ v の関数 $f(v)$ であり，その方向は物体の運動とは逆向きになる．抗力 $\vec{f_r}$ は次式で表すことができる (図 4.3 参照)．

$$\vec{f_r} = -f(v)\vec{v_e} \quad , \quad \vec{v_e} = \vec{v}/|\vec{v}| \tag{4.13}$$

ここで，$\vec{v_e}$ は運動方向の単位ベクトルである．物体が受ける抗力は，空気の粘性に起因する抵抗と物体が移動すること (物体の慣性) で空気を乱しながら進むことに起因する抵抗が考えられる．前者は v に比例し，後者は v^2 に比例する．抗力の一般的表記として，

$$f(v) = a + bv + cv^2 \tag{4.14}$$

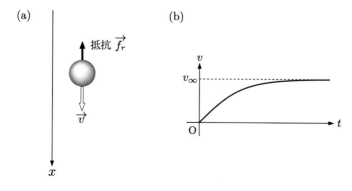

図 4.3 物体の受ける抗力

と表すことができ，物体が球の場合には $b = \gamma_v D$，$c = \gamma_t D^2$ と表される．D は球の直径であり，γ_v と γ_t は空気の物性によって決まる定数である．球の直径が大きいほど，D^2 は D に比べて大きくなるので，cv^2 からの寄与が大きくなる．速度がゼロのときは抗力はゼロであるから，$a = 0$ となる．興味深いのは，式 (4.14) がテイラー展開 (式 (2.6)) と同じようにベキ級数で表される型をしていることである．

球体が空気中を落下するとき，その抗力は球の直径 D によって変わることを説明した．粘性に起因する抗力を $f_v = bv = \gamma_v D v$，球の慣性に起因する抗力を $f_t = cv^2 = \gamma_t D^2 v^2$ とおいて，その大きさを具体的に見積もりながら，球体の運動を理解してみたい．標準温度かつ大気圧下では，$\gamma_v \simeq 1.6 \times 10^{-4}\,[\mathrm{N \cdot s/m^2}]$，$\gamma_t \simeq 0.25\,[\mathrm{N \cdot s^2/m^4}]$ と見積もられる．したがって，2 つの抗力の比を以下のように計算できる．

$$\frac{f_v}{f_t} = \frac{bv}{cv^2} = \frac{\gamma_v}{\gamma_t v D} = \frac{6.4 \times 10^{-4}}{vD} \tag{4.15}$$

つまり，球体の直径によって，両者の力の比が異なることがわかる．たとえば，野球ボールでは $D = 0.07\,[\mathrm{m}]$ とすると，$f_v/f_t = 9.1 \times 10^{-3}/v$ となり，v を $5\,[\mathrm{m/s}]$ としても，

$$\frac{f_v}{f_t} = 1.8 \times 10^{-3} \tag{4.16}$$

であるから，$f_v \ll f_t$ となり，粘性による抗力は無視できる．一方，ごく微細な油滴では，$D = 1.5\,[\mu\mathrm{m}]$，速度 $v = 1.0 \times 10^{-3}\,[\mathrm{m/s}]$ とすると，

$$\frac{f_v}{f_t} = 4.2 \times 10^5 \tag{4.17}$$

となり，f_v が f_t よりも十分に大きく，慣性による抗力を無視してもよいことがわかる．それでは，雨粒の場合にはどうだろうか．直径は $D = 1\,[\mathrm{mm}]$，速度 $v = 0.5\,[\mathrm{m/s}]$ とすると，

$$\frac{f_v}{f_t} = 1.28 \tag{4.18}$$

となるので，f_v と f_t は同じぐらいの大きさとなり，どちらか一方の抗力が無視できるわけではない．

空気中を落下する球体でも，その大きさによって受ける抗力の性質とその大きさが異なることが理解できたと思う．以降では，油滴が空気中を自由落下する際の運動を考えてみる．直径が小さい場合には，粘性による抵抗 f_v のみがはたらくと考えても充分に良い近似になる．粘性による抵抗は速度 v に比例するので，自由落下する垂直下向きに x 軸をとって，質点の

運動方程式を立てると

$$m\ddot{x} = mg - \gamma_v D\dot{x} \tag{4.19}$$

速度 $\dot{x} = v$ に関する微分方程式は，

$$\dot{v} + \frac{\gamma_v D}{m}v = g \tag{4.20}$$

となる．$\dot{v} = \mathrm{d}v/\mathrm{d}t$ であり，微分方程式を変数分離の形に書き換えると，

$$\frac{\mathrm{d}v}{v - mg/(\gamma_v D)} = -\frac{\gamma_v D}{m}\,\mathrm{d}t \tag{4.21}$$

両辺を時間 t で積分すると，

$$\ln\left(v - \frac{mg}{\gamma_v D}\right) = -\frac{\gamma_v D}{m}t + C_1 \tag{4.22}$$

$$v = \frac{mg}{\gamma_v D} + C_2 \exp\left(-\frac{\gamma_v D}{m}t\right) \tag{4.23}$$

ここで，C_1, $C_2 = e^{C_1}$ は積分定数とする．十分に時間がたった時 $(t \to +\infty)$ には，$\exp(-\gamma_v Dt/m) \to 0$ となるので，速度は $v \to mg/(\gamma_v D)$ に漸近していく．この速度を終端速度と呼ぶ．

ミリカンの油滴実験では，密度を ρ，油滴を球と近似すると体積は $\pi D^3/6$ であるから，質量は $m = \rho\pi D^3/6$ となる．よって終端速度 v_∞ は

$$v_\infty = \frac{\rho\pi D^2 g}{6\gamma_v} = \frac{mg}{\gamma_v D} \tag{4.24}$$

となる．油滴は空気の粘性抵抗を受けて，落下する過程で一定の速度に漸近することがわかった．$\rho = 840\,[\mathrm{kg/m^3}]$，$D = 1.5\,[\mu\mathrm{m}]$ を代入して計算をすると（アクティブラーニング），油滴の終端速度は $6.1 \times 10^{-5}\,[\mathrm{m/s}]$ となり，非常にゆっくりと落下する．ミリカンの実験では，顕微鏡で観察を行った（ミリカンの実験については付録 2 参照）．ただし，終端速度が存在することを事前に知っていれば，式 (4.20) に $\dot{v} = 0$ を代入することで，式 (4.24) が導かれる．

同様の考え方で，野球ボールが落下する場合を考えてみる．空気から受ける抗力は速度の 2 乗に比例することになるので，運動方程式を以下のように表すことができる．

$$m\ddot{x} = mg - \gamma_t D^2 \dot{x}^2 \tag{4.25}$$

$v = \dot{x}$ で置き換えると，

$$\dot{v} = g - \frac{\gamma_t D^2}{m}v^2 \tag{4.26}$$

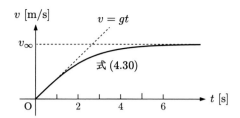

図 4.4 自由落下した野球ボールの終端速度

終端速度は $\dot{v} = 0$ を左辺に代入して,

$$v_\infty = \sqrt{\frac{mg}{\gamma_t D^2}} \tag{4.27}$$

終端速度 v_∞ を用いて式 (4.26) を書き換えると,

$$\dot{v} = g \left[1 - \left(\frac{v}{v_\infty} \right)^2 \right] \tag{4.28}$$

となり,微分方程式は以下の変数分離型となる.

$$\frac{\mathrm{d}v}{1 - v^2/v_\infty^2} = g \, \mathrm{d}t \tag{4.29}$$

微分方程式を v について解くと,

$$v = v_\infty \tanh \left(\frac{gt}{v_\infty} \right) \tag{4.30}$$

となる.詳しい計算過程は,アクティブラーニングとして章末にまとめたので,その問題を解きながら理解を深めてもらいたい.

　高い位置から初速度ゼロで落とされた野球ボール ($m = 145\,[\mathrm{g}]$, $D = 7.3\,[\mathrm{cm}]$) は,どれくらいの終端速度を持つのだろうか.単位を SI 単位系に統一して計算することに注意をして,数値を式 (4.27) に代入すると,

$$v_\infty = \sqrt{\frac{0.145 \times 9.8}{0.25 \times (0.073)^2}} \simeq 32.6 \tag{4.31}$$

となる.$32.6\,[\mathrm{m/s}]$ は時速に直すと約 $117\,[\mathrm{km/h}]$ なので,プロ野球の投手が投げる速球と比べてかなり遅いことがわかるだろう.図 4.4 には,終端速度に達するまでの速度と時間の変化を示した.破線は真空中での速度の変化であり,$v = gt$ である.野球ボールは約 6 秒ぐらいで終端速度に達する.

4.3　抵抗を受ける物体の水平方向の運動

　図 4.5 には,x 方向に速さ v_0 で等速移動する自転車がブレーキをかけて減速している様子を表す.ブレーキの抵抗 f_r は速さに比例して逆向きとす

抗力がない場合
等速直線運動

進行方向と逆向きに抗力 f_r
を受けて減速する運動

(a) 抗力を受ける水平運動

(b) ブレーキをかけた後の速度の減衰

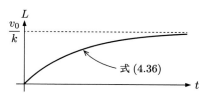

(c) ブレーキをかけた後の移動距離

図 4.5 自転車がブレーキをかけて減速する様子

る．このとき，運動方程式は，$f_r = -bv$, $v = \dot{x}$ とおくと，

$$m\dot{v} = -bv \tag{4.32}$$

となり，$k = b/m$ とおくと

$$\frac{\mathrm{d}v}{v} = -k\,\mathrm{d}t \tag{4.33}$$

と変形できる．両辺を積分すると，

$$\ln(v) = -kt + C_x \tag{4.34}$$

となる．ただし，C_x は積分定数である．初期条件 ($t = 0$ で $v = v_0$) を代入すると，

$$v(t) = v_0 \exp(-kt) \tag{4.35}$$

となる．$t \to +\infty$ では，速度は指数的に減衰してゼロになる (図 4.5 (b) 参照)．時刻 t までに到達する距離を $L(t)$ として，式 (1.11) から計算することができる．

$$L(t) = \int_0^t v(t')\,\mathrm{d}t' = \int_0^t v_0 \exp(-kt')\,\mathrm{d}t'$$

$$= v_0 \left[-\frac{1}{k} \exp(-kt') \right]_0^t = \frac{v_0}{k} \{ 1 - \exp(-kt) \} \tag{4.36}$$

時間が十分に経過した後，自転車が漸近する移動距離を L_∞ とすると，

$$L_\infty = \lim_{t \to +\infty} L(t) = \frac{v_0}{k} \tag{4.37}$$

と計算される．到達距離の時間変化の様子は，図 4.5 (c) に示した．L_∞ の大きさは，図 4.5 (b) に示した $v(t)$ のグラフが t 軸，v 軸で囲まれる部分の面積に等しくなる．

4.4　2 次元空間の質点運動：抗力がはたらく場合

質点を斜め上方に投げ上げ，抗力がはたらかない場合の 2 次元平面内の軌道について 4.1 節で説明した．質点には重力のみがはたらき，x 方向と y 方向で別々に運動方程式を立てることでその軌道を算出できた．本節では，質点に抗力がはたらいた場合について，軌道がどのように変化するのかを考える．抗力には，空気の粘性による抗力 f_v（速度に比例して逆向き）と質点の慣性による抗力 f_t（速度の 2 乗に比例して逆向き）がある．まず，粘性抗力がはたらく場合を考え，次に慣性による抗力について考える．

座標系を図 4.6 のようにとり，角度（迎角）を θ として，(x, y) 面内に初速度 v_0 で投げあげる．重力は垂直下向き，抗力は進行方向とは逆向きにはたらくので，質点の運動方程式は

$$m\ddot{x} = -b\dot{x} \quad , \quad m\ddot{y} = -mg - b\dot{y} \quad , \quad m\ddot{z} = 0 \tag{4.38}$$

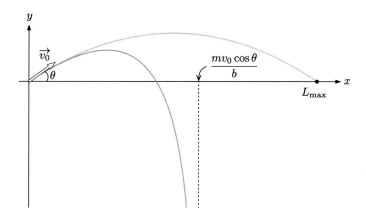

図 4.6　2 次元の質点の投げ上げ運動 (粘性による抗力がはたらく場合)

となる．初期条件は，時刻 $t = 0$ における速度と座標を

$$
\begin{cases}
\dot{x} = v_0 \cos\theta = v_{x,0} & , \quad x = 0 \\
\dot{y} = v_0 \sin\theta = v_{y,0} & , \quad y = 0 \\
\dot{z} = 0 & , \quad z = 0
\end{cases}
\tag{4.39}
$$

とする．x 方向の運動方程式は，$v_x = \dot{x}$ とおくと，4.2 節で説明した方法で運動方程式を解くことができる．$b' = b/m$ と置き換えると，

$$
\dot{v_x} = -b' v_x
\tag{4.40}
$$

となる．

$$
\frac{\mathrm{d}v_x}{v_x} = -b' \, \mathrm{d}t
\tag{4.41}
$$

となり，両辺を積分すると，

$$
\ln(v_x) = -b't + C_x
\tag{4.42}
$$

となる．ただし，C_x は積分定数である．初期条件 (4.39) を代入すると ($v_{x,0} = v_0 \cos\theta$)，

$$
v_x(t) = v_{x,0} \exp(-b't) = v_0 \cos\theta \exp\left(-\frac{b}{m}t\right)
\tag{4.43}
$$

が導かれる．時刻 t までに移動する距離 $x(t)$ は，式 (4.36) に従って計算できるので，$\tau = m/b$ とおくと，

$$
\begin{aligned}
x(t) &= \frac{mv_{x,0}}{b}\left\{1 - \exp\left(-\frac{b}{m}t\right)\right\} \\
&= v_{x,0}\tau\left\{1 - \exp\left(-\frac{t}{\tau}\right)\right\}
\end{aligned}
\tag{4.44}
$$

となる．τ は時間の単位であることに注意しておこう（アクティブラーニング）．τ は運動を特徴づける特徴的な時間スケール（特性スケール）と呼ばれる．$t/\tau = 1, 2, 3 \cdots$ と変化するとき，$\exp(-t/\tau)$ の値は $1/e$ 倍づつ変化する．

　y 軸方向の運動に関しても，すでに 4.2 節で見てきたように質点の軌道を運動方程式から算出することができている．y 軸方向の運動方程式は，鉛直上向きを正として，

$$
m\ddot{y} = -mg - b\dot{y}
\tag{4.45}
$$

速度 $\dot{y} = v_y$ に関する微分方程式は，

$$
\dot{v_y} + \frac{b}{m}v_y = -g
\tag{4.46}
$$

となる．$\dot{v}_y = \mathrm{d}v_y/\mathrm{d}t$ であり，$b' = b/m$ とおいて微分方程式を変数分離の形に書き換えると，

$$\frac{\mathrm{d}v_y}{v_y + g/b'} = -b'\,\mathrm{d}t \tag{4.47}$$

両辺を時間 t で積分すると，

$$\ln\left(v_y + \frac{g}{b'}\right) = -b't + C_1 \tag{4.48}$$

$$v_y = -\frac{mg}{b} + C_2 \exp\left(-\frac{b}{m}t\right) \tag{4.49}$$

ここで，$C_1,\,C_2 = e^{C_1}$ は積分定数とする．初期条件から $C_2 = v_0\sin\theta + mg/b$ となる．十分に時間がたった時 $(t \to +\infty)$ には，$\exp(-bt/m) \to 0$ となるので，速度は $v_y \to -mg/b$ に漸近していく．時刻 t での移動位置 $y(t)$ は，積分定数を C_3 として，

$$y(t) = -\frac{mg}{b}t - \frac{m}{b}\left(v_0\sin\theta + \frac{mg}{b}\right)\exp\left(-\frac{b}{m}t\right) + C_3 \tag{4.50}$$

となる．初期条件から $C_3 = (m/b)\{v_0\sin\theta + (mg/b)\}$ となる．式を見やすくするために，$v_{y,\infty} = mg/b$，$\tau = m/b$ として，さらに $v_{y,0} = v_0\sin\theta$ とおけば，

$$y(t) = -v_{y,\infty}t + \tau(v_{y,0} + v_{y,\infty})\left\{1 - \exp(-\frac{t}{\tau})\right\} \tag{4.51}$$

式 (4.44) より

$$1 - \frac{x(t)}{\tau v_{x,0}} = \exp(-\frac{t}{\tau}) \tag{4.52}$$

であるから，これを t について解くと，

$$t = -\tau\ln\left(1 - \frac{x(t)}{\tau v_{x,0}}\right) \tag{4.53}$$

となり，式 (4.51) に代入すると，物体の軌道を表す式を導くことができる．

$$y = \frac{v_{y,0} + v_{y,\infty}}{v_{x,0}}x + v_{y,\infty}\tau\ln\left(1 - \frac{x}{v_{x,0}\tau}\right) \tag{4.54}$$

空気抵抗がない場合には，投げ上げられた物体の軌道は放物線を描くことが，式 (4.11) からも容易に理解できた．一方，抵抗を受ける場合には，式 (4.54) から軌道を推測することは難しい．式 (4.54) を眺めて，何か気づくことはないだろうか？ まず，対数関数の引数は負にはなれないので，$1 - x/(v_{x,0}\tau) > 0$ から，$x < v_{x,0}\tau$ を満たす必要がある．つまり，十分に時間がたっても，x 方向の移動距離には上限 $x_{\max}$ が存在することになる．これは，抵抗がはたらく場合の水平方向の運動に関して導いた式 (4.44) に

関係する．抵抗がはたらくことにより，x 方向への速度は減少して，移動距離は一定値に $(v_{x,\infty} = v_{x,0}\tau)$ に漸近する．従って，投げ上げられた物体が到達できる最大の水平位置は $x_{\max} = v_{x,0}\tau$ となる．また，物体が最も高い位置に到達するのは，$\mathrm{d}y/\mathrm{d}x = 0$ を満たす x の位置 x_{ymax} における高さである．

$$x_{ymax} = \tau v_{x,0} \frac{v_{y,0}}{v_{y,0} + v_{y,\infty}} \tag{4.55}$$

となる．これを $y(t)$ の式に代入すると，

$$y_{\max} = \left\{ v_{y,0} + v_{y,\infty} \ln \left(\frac{v_{y,\infty}}{v_{y,0} + v_{y,\infty}} \right) \right\} \tau \tag{4.56}$$

と導かれ (アクティブラーニング)，図 4.6 にはその軌道の様子を示した．以上，空中へ投げ上げられた物体に粘性抗力がはたらく場合について考えた．粘性抗力は小さな物体とか，移動速度が小さい場合に支配的になる．

　一方で，野球ボールやサッカーボールには慣性による抗力 (移動速度の 2 乗に比例する) がはたらく．この場合，グランドで野手がホームベースめがけ返球をしたとき，その軌道はどうなるのであろうか？ 野球ボールの運動方程式は，位置ベクトル $\vec{r}$ を用いた表記をすると次式となる．

$$m\ddot{\vec{r}} = m\vec{g} - cv^2 \vec{v_e} \tag{4.57}$$

重力は垂直下向きにははたらき，移動速度の単位ベクトルを $\vec{v_e} = \vec{v}/|\vec{v}|$ とする．水平方向と垂直方向の運動方程式は

$$m\dot{v_x} = -c\sqrt{v_x{}^2 + v_y{}^2}\, v_x$$

$$m\dot{v_y} = -mg - c\sqrt{v_x{}^2 + v_y{}^2}\, v_y \tag{4.58}$$

となる．この微分方程式を解くことができれば，野球ボールの軌跡を描くことができる．しかし，x 方向の運動方程式には y 方向の速度 v_y がはいっており，y 方向の運動方程式には v_x が含まれている．つまり，x 方向と y 方向の運動方程式を別々に解いて，あとで合体させるということができないのである．これは，空気から受ける抗力の大きさが v^2 に比例するため，v_x と v_y を個別に取り扱えないことに起因している．連立した微分方程式を解くことは，一般には難しく，このような簡単な場合でさえも，解析的に取り扱うことができない．そこで，コンピュータを使って数値的に解くことになる．連立した微分方程式を数値的に解く方法は，多く開発されている．

　図 4.7 には，初速度 30 [m/s] で $\theta = 60°$ の方向に投げ上げられた野球ボールの軌道を数値的に計算した結果を示している．黒丸は慣性による抵抗がはたらく場合，白丸は抵抗がはたらかない場合の 1 秒ごとの位置である．抵抗がはたらく場合には，投げ上げてから約 2.2 秒で最高の高さ 25.8 [m] に

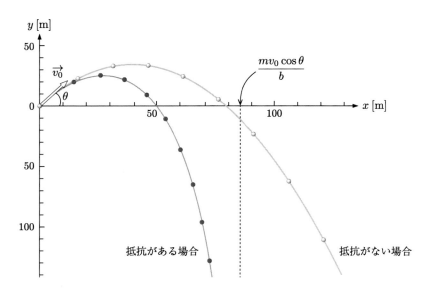

図 4.7 2次元の質点の投げ上げ運動 (慣性による抗力がはたらく場合)

達する. ふたたび同じ水平高さに到達するのは, 約 4.6 秒後で到達距離は $L_{\max} = 49.9\,[\mathrm{m}]$ である. 一方, 抵抗がはたらかない場合には, 軌道は式 (4.11) に示す放物線を描き, 最大到達距離は $L_{\max} = 79.5\,[\mathrm{m}]$ となる.

大リーグのイチロー選手が 2001 年 4 月 11 日に披露したレーザービーム返球を思い出す. アスレチックス戦の 8 回 1 死一塁. ライト前への打球に猛チャージすると, スムーズな動きから三塁へ矢のような送球. 物凄い勢いの送球は, 三塁手へ, ノーバウンドでストライク返球された. 夢を壊すようで悪いが, この返球も空気の抵抗を受けていたのであろう.

4.5 拘束力 (摩擦, 抵抗)

質点の自由落下では, 物体にはたらく外力として重力と空気から受ける抗力を考えた. 床の上を運動する質点についても床と質点の間には摩擦がはたらき, 質点の運動を拘束している. 重力のみを受ける運動に対して, "斜面上に置かれた" 質点, "糸でつながれた" 質点, なども同様で, 「自由」落下しようとする質点に対して, その運動を「拘束」すると考えられる. 本節では, 質点の運動を拘束する条件について考える.

摩擦力は質点と接する物体の間にはたらく拘束力で, 質点が静止している場合には静止摩擦力, 質点が動いている場合には動摩擦力がはたらく. 平板上に置かれた質点には, 垂直抗力 N がはたらき, 静止摩擦力は垂直抗力に比例する. 図 4.8 に示すように, 平板上に置かれた質点に水平横向きに力 T が加わったとする. 質点が動かない場合には, 摩擦力 F と T が釣り合い

を保っている．質点が動き出す直前の摩擦力を最大静止摩擦力 F_m と呼び，

$$F_m = \mu N \tag{4.59}$$

と表され，係数 μ を静止摩擦係数と呼ぶ．質点が移動する場合には，摩擦力 F' は

$$F' = \mu' N \tag{4.60}$$

と表され，係数 μ' は動摩擦係数と呼ばれる．拘束力を受けた質点の運動について，斜面上に置かれた質点の運動を考える．図 4.9 には，斜面上に置かれた質量 m の質点を示す．座標軸は斜面に平行下向きに x 軸，垂直上向きに y 軸をとってある．垂直抗力を N，摩擦力を F とする．重力加速度を g とすると，質点の力のつり合いは

$$F = mg \sin\theta \quad , \quad N = mg \cos\theta \tag{4.61}$$

と表される．質点が斜面上を滑り出さないためには，$F \leq F_m$ である必要がある．この条件を式で書くと，

$$F \leq F_m \ \Leftrightarrow \ F \leq \mu N \ \Leftrightarrow \ \sin\theta \leq \mu \cos\theta \quad , \quad \therefore \tan\theta \leq \mu \tag{4.62}$$

となり $\tan\theta = \mu$ で与えられる傾斜角 θ を摩擦角と呼ぶ．傾斜の傾きが摩擦角よりも大きくなると，質点は斜面上を滑り落ちることになる．この時の運動方程式は，

$$m\ddot{x} = mg \sin\theta - F'$$

$$m\ddot{y} = N - mg \cos\theta \tag{4.63}$$

壁垂直方向への運動はないので，$\ddot{y} = 0$ となり，$N = mg\cos\theta$ となる．動摩擦力は，$F' = mg\mu' \cos\theta$ と表されるから，x 方向項への加速度は，

$$\ddot{x} = g(\sin\theta - \mu' \cos\theta) \tag{4.64}$$

となり，質点は斜面に沿って等加速度運動を行う．

拘束をうける運動のもう 1 つの例として，糸につるされた質量 m の質点が振動する様子 (単振り子) を図 4.10 に示す．このとき，質点は糸から張力 T (拘束力) を受け自由落下が拘束されていると理解される．座標系は垂

静止した場合 　　　　　　　　質点が移動する場合

図 4.8　平板上に置かれた質点と静止摩擦力

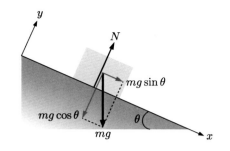

図 4.9 斜面上に置かれた質点と静止摩擦力

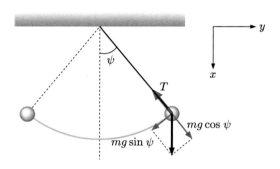

図 4.10 糸につるされた質点が振動する様子

直下向きに x 軸を取り，糸と x 軸とのなす角度を ψ とする．このとき，質点の運動方程式は，

$$m\ddot{x} = mg - T\cos\psi$$

$$m\ddot{y} = -T\sin\psi \tag{4.65}$$

となる．糸の長さを ℓ とすると，質点の位置は $x = \ell\cos\psi$，$y = \ell\sin\psi$ と表される．質点の座標は時間とともに変化するが，それは，角度 ψ が時間的に変化していることに対応している．従って，

$$\dot{x} = -\ell\sin\psi \cdot \dot{\psi} \quad,\quad \ddot{x} = -\ell\cos\psi \cdot \dot{\psi}^2 - \ell\sin\psi \cdot \ddot{\psi}$$

$$\dot{y} = \ell\cos\psi \cdot \dot{\psi} \quad,\quad \ddot{y} = -\ell\sin\psi \cdot \dot{\psi}^2 + \ell\cos\psi \cdot \ddot{\psi} \tag{4.66}$$

となる．式 (4.65) から張力 T を消去すると，

$$m(\ddot{x}\sin\psi - \ddot{y}\cos\psi) = mg\sin\psi \tag{4.67}$$

となり，$\ddot{x}$ と $\ddot{y}$ に式 (4.66) を代入すると，ψ に関する微分方程式

$$\ddot{\psi} = -\frac{g}{\ell}\sin\psi \tag{4.68}$$

が得られる．振動角 ψ が小さい場合には，式 (2.7) のマクローリン展開の第 1 項までで $\sin\psi$ を近似をすると，

$$\ddot{\psi} = -\frac{g}{\ell}\psi \tag{4.69}$$

となる．加速度の大きさが変位に比例して，符号が逆の場合であるから，質点は単振動をすることとなる．マクローリン展開の精度について確認をしてみる．$\psi = 10° = 10° \times (\pi/180°) = 0.175$ ラジアンとして，マクローリン展開の第2項までを考える．

$$\sin \psi \simeq \psi - \frac{\psi^3}{3!} \tag{4.70}$$

第2項の大きさは，$\psi^3/3! \simeq 8.9 \times 10^{-4}$ となり，第1項 (ψ) よりも充分に小さいことがわかる．式 (4.69) を解くことができれば，質点の運動を記述することができる．詳しくは，4.6.1節で説明する．

4.6 法線加速度と接線加速度

平面上の1つの曲線に沿って運動する質点を考える．ニュートンの運動法則にしたがえば，力を受けた質点は力の方向に直線運動をするはずである．曲線上を運動するためには，直線運動を拘束する他の力がはたらいていると考えることも可能である．このような場合には，加速度を一般表記するにはどうすればよいのだろう．これまで勉強してきたベクトルをつかって考えてみる．

点 O′ から質点がある位置 P までの長さを s とする (図4.11参照)．点 P における曲線の接線方向と法線方向の単位ベクトルを $\vec{m}$, $\vec{n}$ とする．このとき，質点の速度 $(\vec{v})$ の大きさは $\dot{s}$，方向は $\vec{m}$ で与えられる．

$$\vec{v} = \dot{s}\vec{m} \tag{4.71}$$

両辺を時間 t で微分をすると，点 P における加速度 $(\vec{a})$ は

$$\vec{a} = \ddot{s}\vec{m} + \dot{s}\dot{\vec{m}} \tag{4.72}$$

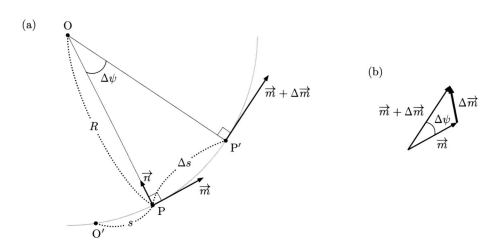

図 4.11　2次元平面上の質点の運動

となる．式 (4.72) から質点の加速度には，2 つの項が関係していることが
わかる．1 つは接線方向のベクトル，もう 1 つは接線ベクトルの時間変化を
表す方向 ($\vec{m}$) である．それでは，ベクトル $\vec{m}$ について，図を使って詳しく
考えてみる．

質点は時間 Δt の間に曲線上を Δs 移動して位置 P$'$ にあるとする．P$'$ に
おける接線ベクトルを $\vec{m} + \Delta\vec{m}$ とおく．また，P$'$ における法線ベクトルと
P からの法線ベクトルが交わる位置を O として，両者がなす角度を $\Delta\psi$ と
する．ベクトル $\vec{m}$ と $\vec{m} + \Delta\vec{m}$ は図 4.11 (b) に示すような閉じた三角形を
つくり，$\vec{m}$ は単位ベクトルなので，

$$\Delta\psi = \frac{|\Delta\vec{m}|}{|\vec{m}|} = |\Delta\vec{m}| \tag{4.73}$$

となる．また，$\Delta s = R\Delta\psi$ となることから，

$$\frac{|\Delta\vec{m}|}{\Delta s} = \frac{\Delta\psi}{R\Delta\psi} = \frac{1}{R} \tag{4.74}$$

となる．$\Delta t \to 0$ (もしくは，$\Delta s \to 0$) の極限では，$\Delta\vec{m}$ は，法線ベクトル
$\vec{n}$ と同じ方向を向くと考えられるので (図 4.11 (b) を参照のこと)．

$$\frac{\mathrm{d}\vec{m}}{\mathrm{d}s} = \frac{\vec{n}}{R} \tag{4.75}$$

以上の内容を基にして，接線ベクトルの時間微分 $\dot{\vec{m}}$ を考える．$\vec{m}$ は s の関
数であり，s は時間の関数であるので，

$$\frac{\mathrm{d}\vec{m}}{\mathrm{d}t} = \frac{\mathrm{d}\vec{m}}{\mathrm{d}s}\frac{\mathrm{d}s}{\mathrm{d}t} = \frac{\vec{n}}{R}\dot{s} \tag{4.76}$$

と変形できる．つまり，$\dot{\vec{m}}$ は法線方向と同じ方向のベクトルを表している
ことがわかる．式 (4.76) を式 (4.72) に代入すると，

$$\vec{a} = \ddot{s}\vec{m} + \frac{\dot{s}^2}{R}\vec{n} = \vec{a}_m + \vec{a}_n \tag{4.77}$$

となる．この式は，加速度 $\vec{a}$ が接線方向の加速度 $\vec{a}_m$ と法線方向の加速度
$\vec{a}_n$ に分解できることを表しており，それぞれ，接線加速度，法線加速度と
呼ぶ．

$$|\vec{a}_m| = \ddot{s} = \dot{v} \quad , \quad |\vec{a}_n| = \frac{\dot{s}^2}{R} = \frac{v^2}{R} \tag{4.78}$$

点 P の近傍の曲線を円で近似したとき，その円の中心と半径を曲率の中心，
曲率半径と呼ぶ．図 4.11 (a) の点 O は曲率の中心，R は曲率半径である．
質点がジェットコースターのような曲線上を運動する場合には，場所によっ
て曲率半径が異なることに注意しよう．直線運動の場合には，曲率半径が
無限大になるので，$|\vec{a}_n| = 0$ となる．

4.6.1　回転運動

曲率半径が常に一定の運動が，円運動になる．円周上を移動する速さが一定の等速円運動を考える．つまり，v は一定であるから，式 (4.78) によって，接線方向の加速度はゼロとなる．しかし，法線方向の加速度は質点の位置によらず，常に一定値を持つ．質点が円運動をするためには，常に曲率の中心に向かう力を受ける必要がある．その力を向心力，加速度を向心加速度と呼ぶ．向心加速度は，速度の 2 乗に比例して曲率半径に反比例することがわかる．

質点の位置を (x, y) として，極座標表示をしておく．質点が半径 R の円周上を等速で運動する場合，その運動を y 軸上に射影すると y 軸上の質点の位置と加速度の大きさは，

$$y = R\sin\theta \quad , \quad a_y = -|\vec{a}_n|\sin\theta = -\frac{v^2}{R}\sin\theta \qquad (4.79)$$

となる．ただし，加速度は変位とは逆方向にはたらくので，マイナスの符号をつけてある．両式から $\sin\theta$ を消去すると，

$$a_y = -\frac{v^2}{R^2}y \qquad (4.80)$$

となる．質点の質量を m とすると，質点は力 $F_y = -ma_y$ を受け，y 軸上で 1 次元の運動をする．力の大きさは変位に比例して，その方向は変位とは逆方向に常に中心 O に向かう．ある点からの距離に比例して，常にその点に向かう力をがはたらくとき，その力を復元力と呼ぶ．

4.6.2　単振動

復元力がはたらく質点の運動は，単振動と呼ばれる．y 軸上の運動方程式は，復元力の比例係数を $m\omega^2$ とおくと下記のようになる．係数は式変形を見やすくするための工夫である．

$$F = m\ddot{y} = -m\omega^2 y \qquad (4.81)$$

すなわち，

$$\ddot{y} = -\omega^2 y \qquad (4.82)$$

となる．この微分方程式は，式 (3.14) において，$a = 0$, $b = \omega^2$ と置き換えればよい．質点の運動は実空間なので，微分方程式の解は

$$y(t) = A\cos(\omega t + \alpha) \qquad (4.83)$$

となる．定数 α は，初期条件 $(t = 0)$ において $y(0) = C_1$, を満たすために必要となる．

$$C_1 = A\cos(\alpha) \qquad (4.84)$$

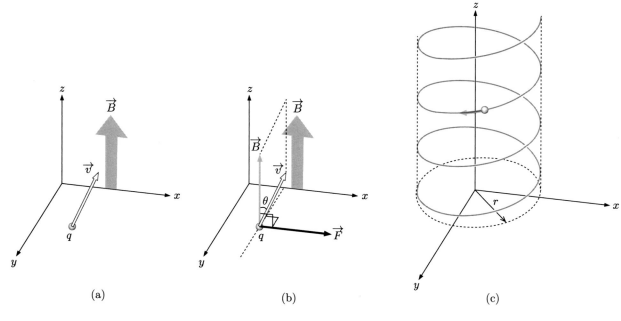

図 **4.12** 一様磁場中の荷電粒子の運動

係数 A は振幅, ω は周波数と呼ばれ, 周期 $T = 2\pi/\omega$ となる. バネ定数 k を持つバネにつながれたにつながれた質点の運動は, 復元力 $F = -kx$ となり, 周期は

$$T = \frac{2\pi}{\omega} = 2\pi\sqrt{\frac{m}{k}} \tag{4.85}$$

単振り子の場合には, 式 (4.69) より, 周期は

$$T = \frac{2\pi}{\omega} = 2\pi\sqrt{\frac{\ell}{g}} \tag{4.86}$$

となる.

4.7 磁場中の荷電粒子の運動

z 軸方向に一様な磁場 $\vec{B}$ がある空間中で電荷 $q > 0$ を持つ粒子 (荷電粒子) の運動について考える (図 4.12 参照). 位置 (x, y, z) における粒子の速度を $\vec{v} = (u, v, w)$ とすると, 速度は時間 t の関数となる. 荷電粒子は磁場からローレンツ力を受け, 運動を時々刻々と変えることになる. ローレンツ力の方向は, フレミングの左手の法則から知ることができる. つまり, 磁場ベクトル $\vec{B}$ と速度ベクトル $\vec{v}$ が張る平面に垂直方向にはたらき, 速度ベクトルを磁場ベクトルに重ねる方向に回した際に右ネジが進む方向が正と定義される. ローレンツ力の大きさは, 磁場ベクトルと速度ベクトルで囲

まれる四角形の面積となる. つまり, 荷電粒子にはたらくローレンツ力は, ベクトル積 (外積) を用いると

$$\vec{F} = q\vec{v} \times \vec{B} \tag{4.87}$$

となる. 荷電粒子の質量を m とすると, 運動方程式はベクトルを用いて以下のように表される.

$$m\dot{\vec{v}} = q\vec{v} \times \vec{B} \tag{4.88}$$

荷電粒子の運動も, 粒子の移動速度を関数とする外力を受けることがわかる. 式 (4.88) を解くことで, 粒子の軌道を描くことができる. 磁場ベクトルを $\vec{B} = (0, 0, B)$ とすると (図 4.12 (b) 参照),

$$\vec{v} \times \vec{B} = (vB, -uB, 0) \tag{4.89}$$

となる. したがって, (x, y, z) 方向の運動方程式を以下のように書くことができる.

$$m\dot{u} = qBv$$
$$m\dot{v} = -qBu$$
$$m\dot{w} = 0 \tag{4.90}$$

最後の方程式から, z 方向の運動は $w = (一定)$ となり, 等速運動をすることがわかる. そこで, (x, y) のベクトル (u, v) の運動を考える. これは, $\vec{v}$ の (x, y) 面への射影ベクトルである. $\omega = qB/m$ とおくと, 微分方程式を簡略化できる.

$$\dot{u} = \omega v$$
$$\dot{v} = -\omega u \tag{4.91}$$

この運動方程式を解くことは, アクティブラーニングとしよう. ただ, 式の形をよく眺めると, 初等関数 (表 2.2) の中から解の候補を見つけることができる. 微分した際に符号の変化に注目すると,

$$u = c\cos(\omega t)$$
$$v = -c\sin(\omega t) \tag{4.92}$$

が微分方程式を満たすことがわかる. ここで, c は $t = 0$ の初期条件から決まる定数である. 荷電粒子の初期の速度を V_0 とすると,

$$V_0 = \sqrt{u^2 + v^2} = c \tag{4.93}$$

が得られる. 両辺をさらに t で積分すると,

$$x = \frac{V_0}{\omega}\sin(\omega t) + x_1$$

$$y = \frac{V_0}{\omega} \cos(\omega t) + y_1 \tag{4.94}$$

ここで，x_1, y_1 は積分定数であり，初期条件から決まる．いま，(x_1, y_1) を座標の原点に選ぶと，荷電粒子は角速度 ω で半径 $r = V_0/\omega = mV_0/(qB)$ の円周上を運動することがわかる．式 (4.90) より，z 方向の運動は等速度となり，初期条件から決まる速度を w_0 とすると，

$$z = w_0 t + z_1 \tag{4.95}$$

ここで，$(x_1, y_1, z_1) = (0, 0, 0)$ とおくと，荷電粒子は (x, y) 平面において角速度 ω で円運動をしながら，z 軸方向には速度 w_0 で等速度運動をする．立体図で描くと図 4.12 (c) のようにらせん運動をする．

4章のアクティブラーニング

4.1 抵抗を受ける物体の運動 1

[1] 物体を投げ上げた場合の到達距離について考える．空気からの抵抗を受けない場合，初速度 $20\,[\mathrm{m/s}]$ で投げ上げた物体の最大到達距離 $L_{\max}$ を計算しなさい．

[2] 物体を投げ上げ，空気の抵抗を受ける場合を考える．野球ボール $(D = 0.07\,[\mathrm{m}])$ では，空気の粘性による抗力 f_v と慣性による f_t の大きさが同じになるボールの速度を見積りなさい．また，雨粒 $(D = 1.0\,[\mathrm{mm}])$ の場合はどうか．

[3] ミリカンの油滴実験では，油滴の密度は $\rho = 840\,[\mathrm{kg/m^3}]$，油滴を球で近似し，その直径を $D = 1.5\,[\mu\mathrm{m}]$ とする．体積は $\pi D^3/6$ であり，式 (4.24) に数値を代入することで，油滴の終端速度は $6.1 \times 10^{-5}\,[\mathrm{m/s}]$ となることを確認しなさい．

[4] 野球ボールが落下する場合，終端速度 v_∞ を用いて，式 (4.28) を導きなさい．変数分離型の微分方程式 (式 (4.29)) を解くことでその解 (式 (4.30)) を導きなさい．また，その変化の様子をグラフに描きなさい．ただし，$\tanh(x)$ は双曲関数と呼ばれ，以下で定義される．

$$\tanh(x) = \frac{\mathrm{e}^x - \mathrm{e}^{-x}}{\mathrm{e}^x + \mathrm{e}^{-x}}$$

4.2 抵抗を受ける物体の運動2

[1] 物体が水平面上を抗力を受けて移動する場合, 時刻 t までに移動する距離 $x(t)$ を式 (4.36) に従って計算することで, 式 (4.44) を導きなさい. ただし, $\tau = m/b$ とおき, τ は時間の単位であることを確認しなさい.

[2] 物体が垂直方向に抗力を受けて移動する場合, 時刻 t までに移動する距離 $y(t)$ を式 (4.36) に従って計算することで, 式 (4.51) を導きなさい. ただし, $v_{y,\infty} = mg/b$, $\tau = m/b$ とおく.

[3] 2 次元での物体の運動が抗力を受ける場合の軌道は, 式 (4.44) と式 (4.51) から t を消去するとで導くことができる. 式 (4.54) を導出しなさい. また, 水平方向に到達できる最大距離と垂直方向の最大高さ ($y_{\max}$) が, 式 (4.56) となることを確認しなさい.

4.3 拘束力を受けた質点の運動

[1] 単振り子の運動を考える. 図 4.10 に示された質点の位置を極座標表示することからその時間微分が式 (4.66) となることを導きなさい.

[2] 単振り子の運動方程式が, 式 (4.68) となることを導きなさい.

4.4 法線加速度と接線加速度

[1] 図 4.11 (b) を参照しながら, 式 (4.75) が成り立つことを導きなさい.

[2] 式 (4.76) が成り立つことを用いて, 式 (4.77) を導きなさい.

[3] 等速円運動の場合には, 法線加速度, 接線加速度が式 (4.78) となることを導きなさい.

4.5 回転運動

[1] 半径 R の円周上を等速で運動する質点を考える. その運動を y 軸上に射影したとき, 質点の運動方程式は, 式 (4.81) となることを導きなさい.

[2] 一様磁場中の荷電粒子の運動を考える. 式 (4.91) の微分方程式を解くために, x 方向速度の微分方程式の両辺を t で微分することから, $\dot{v}$ を消去して, u についての 2 階の微分方程式を導きなさい. 微分方程式を 3.2.3 節の方法に従って解きなさい.

◆演習問題◆

4.1 空気中の野球ボールに働く二次抵抗と線形抵抗の比は, 式 (4.16) で与えられる. 野球ボールの直径が 7 [cm] とした場合, 2 つの抵抗力が等しく重要となる速

度を求めなさい．抵抗力を二次抵抗力として扱うことのできるおおよその速度の範囲を求めなさい．

4.2　線形抵抗を受ける物体が，終端速度 v_∞ よりも大きな速度 v_0 で垂直下方に投げ出されたと仮定する．速度が時間とともにどのようになるかを説明しなさい．$v_0 = 2v_\infty$ の場合に落下速度を時刻 t の関数として図示しなさい．

4.3　長さ ℓ の糸の一端を固定して，他端に質量 m のおもりを付ける．糸が鉛直方向と一定の角度 θ を保つように，質点を一定の角速度 ω で回転させる (図 4.13)．糸の張力を T として，質点の従う運動方程式を導きなさい．運動方程式から T を消去することで，質点の回転周期を求めなさい．次に，質点に固定された座標系で考えた場合の，つり合いの式を求めなさい．つり合いの式から，回転周期を求めなさい．

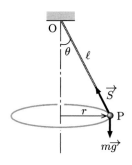

図 4.13　糸につるされた質点が回転する様子

4.4　静止していた物体が，摩擦の無い斜面を滑り落ちるとき，その移動距離は経過した時間 t の 2 乗に比例する．斜面に沿って下向きに x 軸をとると，距離と時間の関係は $x = at^2$ と表される．ただし，a は定数とする．物体の質量を m とするとき，質点の運動量の大きさと，x 方向の力の大きさを求めなさい．

4.5　質量 m の質点が半径 R の滑らかな球面を頂点 P から滑り落ちる場合を考える．初速度をゼロとして，質点が球面から離れる位置を Q，その時の速度を v_Q とする．質点の運動方程式を立てなさい．また，位置 Q を角度 θ を求めることで確定し，その時の速度 v_Q を求めなさい．

5

質点の運動と保存則

5.1 運動量保存則

2 つの質点が互いに力を及ぼす場合には，作用反作用の法則 (ニュートンの第 3 法則) が成り立つことを 1.7 節で説明した．本節では他の外力がはたらく場合の 2 つの質点について第 3 法則を考え，第 3 法則が運動量保存則と等価であることを理解する．

図 5.1 には，2 つの質点が互いに力 $(\overrightarrow{F_{12}}, \overrightarrow{F_{21}})$ を及ぼしあっており，作用反作用の法則が成り立っているとする．たとえば，月と地球が万有引力を及ぼしあっている場合やスケートリンクで 2 人が相手を押しあった場合が容易に想像できるだろう．この 2 つの質点系に外力が加わる場合を考える．質点 1 と 2 に各々にはたらく力を $\overrightarrow{F_1^*}$, $\overrightarrow{F_2^*}$ とする．このとき，質点に加わる力は，

$$\overrightarrow{F_1} = \overrightarrow{F_{12}} + \overrightarrow{F_1^*}$$

$$\overrightarrow{F_2} = \overrightarrow{F_{21}} + \overrightarrow{F_2^*} \tag{5.1}$$

ニュートンの第 2 運動法則から，運動量の変化は加わる力に等しいので

$$\overrightarrow{\dot{p_1}} = \overrightarrow{F_1}$$

$$\overrightarrow{\dot{p_2}} = \overrightarrow{F_2} \tag{5.2}$$

となる．いま，2 つの質点を 1 つの系として扱うと，運動量変化の合計は，

$$\overrightarrow{\dot{p}} = \overrightarrow{\dot{p_1}} + \overrightarrow{\dot{p_2}} \tag{5.3}$$

となる．式 (5.2) を代入して，ニュートンの第 3 法則 $(\overrightarrow{F_{12}} = -\overrightarrow{F_{21}})$ を用い

(a)   (b)

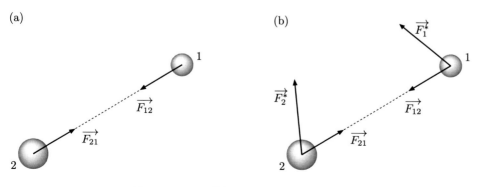

図 5.1 2 つの質点にはたらく力

ると，

$$\dot{\vec{p}} = \overrightarrow{F_1^*} + \overrightarrow{F_2^*} \tag{5.4}$$

が導かれる．つまり，系全体の運動量の時間変化は，外部から加えられる力の合力と等しくなる．

$$\dot{\vec{p}} = 0 \Leftrightarrow \overrightarrow{F_1^*} + \overrightarrow{F_2^*} = 0 \tag{5.5}$$

この結果から，運動量の保存に関する重要な結果が導かれる．

> **運動量保存の法則**
>
> 系に加えられる外力がゼロである場合には，系の運動量は一定に保たれる

これまでの導出過程からわかるように，ニュートンの第3法則は，運動量保存の法則と等価である．2粒子系での運動量変化と外力の関係は，N 粒子系においても成り立つことが証明できる．次に運動量の保存則が利用できる簡単な例題を紹介する．

5.1.1 2つの物体の非弾性衝突

質量 m_1, m_2 をもつ物体が速度 $\vec{v_1}$, $\vec{v_2}$ で衝突をして，その後合体をして運動する場合を考える．ビリヤードのように衝突後に反発する弾性衝突と異なり，一体となる場合を非弾性衝突と呼ぶ．衝突の際には外力ははたらかないと仮定できるので系の衝突前の運動量 $\vec{p}_\text{before}$ と衝突後の運動量 $\vec{p}_\text{after}$ は保存され，運動量保存則は以下のように表される．

$$\vec{p}_\text{before} = m_1 \vec{v_1} + m_2 \vec{v_2} \quad , \quad \vec{p}_\text{after} = (m_1 + m_2)\vec{v} \tag{5.6}$$

$$\vec{p}_\text{before} = \vec{p}_\text{after} \tag{5.7}$$

左辺は衝突前の系の運動量の総和であり，右辺は衝突後の運動量の総和になる．従って，衝突後の合体した物体の速度は以下となる．

$$\vec{v} = \frac{m_1 \vec{v_1} + m_2 \vec{v_2}}{(m_1 + m_2)} \tag{5.8}$$

衝突後の速度の大きさは，物体の質量の加重平均として与えられ，質量の大きな物体の速度が衝突後に大きく影響する．

1次元 (x 軸上) で非弾性衝突を考えてみる．式 (5.74) はベクトルではなく，x 方向の速度 v_x を用いて表される．

$$v_x = \frac{m_1 v_{x,1} + m_2 v_{x,2}}{(m_1 + m_2)} \tag{5.9}$$

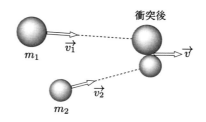

衝突後

m_1 $\vec{v_1}$ $\vec{v}$

m_2 $\vec{v_2}$

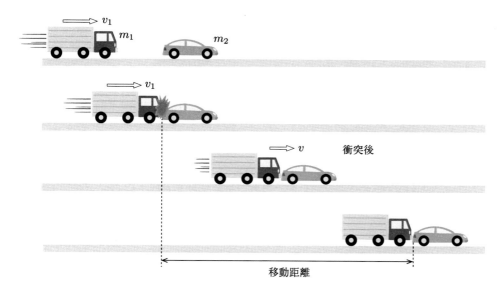

v_1 m_1 m_2

v_1

v 衝突後

移動距離

図 5.2 非弾性衝突と運動量保存

いま，路上に駐車している車にブレーキの故障した車が衝突をして，一体と
なって移動した場合を想像してみる (図 5.2 参照)．衝突直後の速度が，ド
ライブレコーダーで画像から算出できると，暴走してきた車の速度を見積
もることができる．また，一体となった 2 台の車は，数メートル動いて停
止するだろう．なぜなら，タイヤと地面の間には摩擦 (抗力) が移動方向と
は逆向きにはたらくからである．初速度 v_x をもった物体に抗力がはたらく
時の運動は，4.3 節で学んでいる．抗力の大きさを何らかの方法で見積もる
ことが出きれば，衝突後の移動距離からも暴走車の速度を予測することが
可能である．

5.1.2 ロケットの推進力

　質量 m を持つロケットが，速度 $\vec{v}$ で推進している．空になった燃料タン
クを切り離す際の運動を考える (図 5.3 参照)．燃料タンク (質量 m_2) は進
行方向とは逆向きに速度 $\vec{v_2}$ の速度で打ちだされ，燃料タンクを切り離した
後のロケットの速度を $\vec{v_1}$ とする．燃料を切り離す際には，外からの力はは

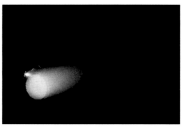

ハヤブサのイオンエンジン

図 5.3 ロケットの推進力

たらかないので，系の衝突前の運動量 $\vec{p}_{\text{before}}$ と衝突後の運動量 $\vec{p}_{\text{after}}$ は保存され，運動量保存則は以下のように表される．

$$\vec{p}_{\text{before}} = m\vec{v} \quad , \quad \vec{p}_{\text{after}} = m_1\vec{v_1} - m_2\vec{v_2} \tag{5.10}$$

$$\vec{p}_{\text{before}} = \vec{p}_{\text{after}} \tag{5.11}$$

切り離しをする際には，1 次元的な運動を考えればよいので，ベクトルの大きさだけを考える．切り離し前の速さは $v = |\vec{v}|$，切り離し後の速さは，$v_1 = |\vec{v_1}|$, $v_2 = |\vec{v_2}|$ とすると，$m = m_1 + m_2$ より，

$$v_1 = \frac{mv + m_2v_2}{m_1} = \frac{(m_1 + m_2)v + m_2v_2}{m_1} = v + \frac{m_2}{m_1}(v + v_2) \tag{5.12}$$

となる．燃料タンクを切り離した後のロケット本体の速さは，$m_2(v+v_2)/m_1$ だけ増加することになる．ロケット本体が速度を増すためには，m_2/m_1 を大きくすること，射出速度 v_2 を大きくすることが有効である．多段ロケットでは，切り離しの回数を増やすことで速度を増加させている．

　小惑星探査機「はやぶさ」のイオンエンジン (図 5.3 参照) について考えてみる．約 30 億 km に及ぶ長旅を終えて地球に帰還した「はやぶさ」は，多くの感動を私たちに与えた．「はやぶさ」のエンジンは，イオンエンジンと呼ばれる日本独自の技術で開発されたエンジンである．燃料となるキセノンガスを電磁波を使ってイオン化し，イオン化されたガスを強力な電場によって加速して宇宙空間に放出することで推進力を得ている (参考文献「はやぶさ」吉田武，幻冬舎新書)．飛行機のジェットエンジンは，化学反応によって生成したジェット (燃焼ガス) を空気中に放出することで推力を得ているが，ガスを放出することで推進力をを得ていることは同じである．推進力がどのようにしてまれるのかは，ニュートンの第 3 法則もしくは運動量保存則を使って説明できる．

　エンジンを搭載した人工衛星 (質量 m) が，水平に速度 v で移動しているとする．時刻 t における運動量は，$p(t)$ と表される．短い時間 Δt の間に燃

料を Δm だけ消費して (もしろん，$\Delta m < 0$)，その結果，速度が $v + \Delta v$ に変化したとする．放出されるイオンガスは，Δm の質量をもち，人工衛星に対して逆向きに v_e であるとする．時刻 $t + \Delta t$ における，系の全運動量は以下のように表される．

$$p(t + \Delta t) = (m + \Delta m)(v + \Delta v) - \Delta m(v - v_e)$$

$$= mv + m\Delta v + \Delta m v_e \tag{5.13}$$

ここで，$\Delta m \Delta v$ は微小量量どうしの掛け算なので，省略してある．したがって，Δt の間の運動量の増加は

$$\Delta p = p(t + \Delta t) - p(t) = m\Delta v + \Delta m v_e \tag{5.14}$$

となる．外力ははたらかないので系の運動量の総和は保たれ，$\Delta p = 0$ である．つまり，

$$m\Delta v + \Delta m v_e = 0 \tag{5.15}$$

両辺を Δt で割り，$\Delta t \to 0$ の極限を考えると，$\Delta v / \Delta t = \mathrm{d}v/\mathrm{d}t = \dot{v}$，$\Delta m / \Delta t = \mathrm{d}m/\mathrm{d}t = \dot{m}$ と変換することができる．このとき，式 (5.15) を次のように微分方程式として書き換えることができる．

$$m\dot{v} = -\dot{m}v_e \tag{5.16}$$

ここで，$\dot{m}$ は燃料が消費されていくことによる質量の減少を表し，符号 $-\dot{m} > 0$ となる．式 (5.16) は，$F = -\dot{m}v_e$ と考えると，ニュートンの第2法則 (式 (1.36)) と同じになることに注意しよう．$F = -\dot{m}v_e$ は人工衛星を推進させるための力で，推進力と呼ばれる．式 (5.16) の両辺を m で割ると，

$$\mathrm{d}v = -v_e \frac{\mathrm{d}m}{m} \tag{5.17}$$

となり，変数分離型の微分方程式が導かれる．ガスの排出速度 v_e が一定であれば，微分方程式を解くことができる．

$$v - v_0 = v_e \ln(m_0/m) \tag{5.18}$$

ここで，v_0 は初期速度，m_0 は初期の人工衛星 (搭載された燃料と人工衛星本体を合わせた) の質量である．「はやぶさ」の打ち上げ時の総重量は $m_0 = 510\,[\mathrm{kg}]$ であり，そのうちキセノンガスの重量は 66(最大 73)$[\mathrm{kg}]$ である．ハヤブサには4基のイオンエンジンが取り付けてあり，1基あたりの推進力は $8 \times 10^{-3}\,[\mathrm{N}]$ である．「はやぶさ」のように数年に及ぶ飛行をするためには，燃料の消費を小さくすること (つまり，m_0/m を大きく) が必要であり，推力を上げるためには v_e を大きくする工夫が必要であることがわ

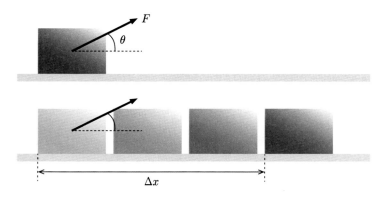

図 5.4 質点の水平移動と力の方向

かる.「はやぶさ」のイオンエンジン (1 台) の比推力を 3200 [s] としたとき,
3 台のエンジンを使って 1 日当たりの速度増加の割合は 4 [m/s]/日となる.

5.2 エネルギー保存則

5.2.1 力と仕事

水平面上に置かれた質点に力 $\vec{F}$ が作用して, Δx だけ移動することがで
きたとする. このとき, 力 $\vec{F}$ が行った仕事 ΔW は, $\vec{F}$ の水平方向成分の力
とその方向に移動した距離との積であるから,

$$\Delta W = F \cos \theta \times \Delta x \tag{5.19}$$

となる (図 5.4 参照).

質点の変位ベクトル $\Delta \vec{r}$ を用いると, 仕事はベクトルの内積を用いて表
すことができる.

$$\Delta W = \vec{F} \cdot \Delta \vec{r} \tag{5.20}$$

このようにベクトルとその内積をつかって, 仕事を表記することができ, 数
学を用いることのメリットがここにある.

2 次元空間での質点の運動を考る. 質点にはたらく力が時々刻々と変化す
る場合には, 図 5.5 に示すような曲線を描くことになるが, 仕事の総量は質
点の変位を微小区間に分割して

$$W = \vec{F_1} \cdot \mathrm{d}\vec{r_1} + \vec{F_2} \cdot \mathrm{d}\vec{r_2} + \vec{F_3} \cdot \mathrm{d}\vec{r_3} + \cdots \tag{5.21}$$

として表され, 微小区間の極限を取ると上式は積分として表される.

$$W = \int_C \vec{F} \cdot \mathrm{d}\vec{r} \tag{5.22}$$

ただし, この積分は曲線 C に沿って行うということを表している.

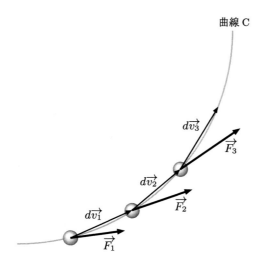

図 5.5 2 次元中の質点の移動と力の方向

5.2.2　保存力とポテンシャル

　曲線に沿って点 A から点 B までの質点の移動を考える．このとき，力 $\vec{F}$ がする仕事が始点と終点の位置のみによって決まり，途中の経路によらないとき，この力を保存力と呼ぶ．保存力とはどのような力なのか，本節では詳しく考えていく．

　3 次元空間の中を移動する質点として，図 5.6 に示すように始点 A を原点にとり，終点 B(x, y, z) までの移動を考える．保存力 $\vec{F}$ による仕事 W は (x, y, z) の関数となる．

$$W(x, y, z) = \int_{C} \vec{F} \cdot \mathrm{d}\vec{r} \tag{5.23}$$

この積分は，曲線 C の取り方によらず，終点 B の座標のみできまることを表している．いま，終点 B の近くに，x 方向に Δx だけ離れた B$'$ を考える．

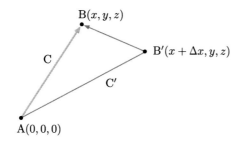

図 5.6　保存力がする仕事

A から B′ までの経路を C′ とする.

$$W(x + \Delta x, y, z) = \int_{C'} \vec{F} \cdot d\vec{r} \tag{5.24}$$

　点 A から B′ まで質点を移動させた際の仕事を,経路 A → B と経路 B → B′ に分けて考える.前者の仕事は,式 (5.23) で与えられ,後者の仕事は x 方向のみへの移動であるから,$F_x \Delta x$ となる.ただし,$\vec{F} = (F_x, F_y, F_z)$ とする.もし,$\vec{F}$ が保存力であれば,経路 C′ に沿う B までの仕事も経路 C に沿う仕事も同一となる.式で書くと,

$$W(x + \Delta x, y, z) = W(x, y, z) + F_x \Delta x \tag{5.25}$$

となる.したがって,x 方向への力 F_x は次式で与えられる.

$$F_x = \frac{W(x + \Delta x, y, z) - W(x, y, z)}{\Delta x} \tag{5.26}$$

Δx が十分に小さい場合には,上式は関数 W を x で微分することに相当する.1 章では微分について説明したが,関数に含まれる変数は 1 つであった.W は変数が 3 つあるので,y,z については固定しておいて,x のみの変化量を考える.このような微分を偏微分と呼び,従来の微分とは異なるように表記する.

$$F_x = \frac{\partial W}{\partial x} \tag{5.27}$$

　同じように,y 方向に Δy,z 方向に Δz だけ離れた点を設定して,異なる経路での積分を考えることができる.保存力が存在するためには y 方向,z 方向に関しても,下記の式が成り立つ必要がある.

$$F_y = \frac{\partial W}{\partial y} \quad , \quad F_z = \frac{\partial W}{\partial z} \tag{5.28}$$

ここで,W と符号を反転させた関数 $U(x, y, z)$ を定義する.ただし,W_0 は定数とする.

$$U(x, y, z) = -W(x, y, x) + W_0 \tag{5.29}$$

保存力 $\vec{F}$ が存在するとき,その条件として

$$F_x = -\frac{\partial U}{\partial x} \quad , \quad F_y = -\frac{\partial U}{\partial y} \quad , \quad F_z = -\frac{\partial U}{\partial z} \tag{5.30}$$

を満たす関数 $U(x, y, z)$ が存在することになる.関数 U はポテンシャル,もしくは位置エネルギーと呼ばれる.式 (5.30) をひとまとめにして,以下のように表記されることもある.

$$\vec{F} = -\nabla U \quad , \quad \vec{F} = -\text{grad}\, U \quad , \quad \vec{F} = -\frac{\partial U}{\partial \vec{r}} \tag{5.31}$$

ベクトルを用いて質点の運動を記述することは有用なことだが，ベクトルの計算には注意も必要である．たとえば，等式の右辺がベクトルの場合，左辺もベクトルにならないといけない．2つのベクトルの内積は実数になるが，外積はベクトルになるので，ベクトル演算をした場合には，その結果を常に確かめるようにしよう．

　保存力の身近な例は重力である．質量 m の質点にはたらく力は，

$$\vec{F} = (F_x, F_y, F_z) = (0, -mg, 0) \tag{5.32}$$

となるが，ポテンシャルを $U = mgy$ とおくと，式 (5.30) を満たすことがわかる．また，ポテンシャルに適当な定数を加えても，保存力の関係式は満たす．つまり，ポテンシャルは相対的な量であり，基準となる定数には物理的な意味はないことがわかる．y 軸方向へ自由落下する質点の運動方程式は，

$$m\ddot{y} = -mg \tag{5.33}$$

となる．$(\dot{y})^2$ を時間 t で微分すると，

$$\frac{\mathrm{d}}{\mathrm{d}t}\dot{y}^2 = 2\dot{y}\ddot{y} \tag{5.34}$$

であることを利用して，式 (5.33) を変形する．式 (5.33) の両辺に $\dot{y}$ をかけて，左辺の $\dot{y}\ddot{y}$ に式 (5.34) を代入すると，

$$\frac{\mathrm{d}}{\mathrm{d}t}\left(\frac{1}{2}m\dot{y}^2 + mgy\right) = 0 \tag{5.35}$$

となる．つまり，両辺を時間で積分し，積分定数 C とすると，

$$\frac{1}{2}m\dot{y}^2 + mgy = C \tag{5.36}$$

が成り立つ．ポテンシャル U と速度 $v = \dot{y}$ を用いると

$$\frac{1}{2}mv^2 + U = C \tag{5.37}$$

と表される．つまり，運動エネルギーと位置エネルギー (ポテンシャル) の総和が一定となり，その値が保存されることを表している．運動エネルギーと位置エネルギーを合わせて力学的エネルギーと総称するので，式 (5.37) を力学的エネルギー保存則と呼ぶ．自由落下する直線的な運動のみではなく，重力が作用する場を曲線的に動く質点にもエネルギー保存則が成り立つことを次章で説明する．エネルギー保存則はいつも成り立つわけではなく，質点にはたらく力が保存力にである場合にのみ成り立つことを注意しておこう．

5.2.3 エネルギー保存則

力学的エネルギー保存則を曲線上を移動する質点の場合について，一般化して考える．時刻 t_A において位置 A にある質点が速度 $\vec{v}_A$ をもって曲線上を移動して時刻 t_B に位置 B に到達したとする．この時の速度を $\vec{v}_B$ として，質点には各時刻で力 $\vec{F}(t)$ がはたらいているとする．質点の位置ベクトルを $\vec{r}$ とすると，運動方程式は以下となる．

$$m\ddot{\vec{r}} = \vec{F} \tag{5.38}$$

両辺に $\dot{\vec{r}}$ をかけると

$$m\ddot{\vec{r}} \cdot \dot{\vec{r}} = \vec{F} \cdot \dot{\vec{r}} \tag{5.39}$$

となる．$(\dot{\vec{r}})^2 \,(= \dot{\vec{r}} \cdot \dot{\vec{r}})$ の時間微分は，

$$\frac{\mathrm{d}}{\mathrm{d}t}(\dot{\vec{r}})^2 = 2\dot{\vec{r}} \cdot \ddot{\vec{r}} \tag{5.40}$$

となることを用いると，

$$\frac{\mathrm{d}}{\mathrm{d}t}\left(\frac{1}{2}m(\dot{\vec{r}})^2\right) = m\dot{\vec{r}} \cdot \ddot{\vec{r}} = m\ddot{\vec{r}} \cdot \dot{\vec{r}} = \vec{F} \cdot \dot{\vec{r}} \tag{5.41}$$

となる．両辺を時刻 t_A から t_B まで積分して，$\vec{v} = \dot{\vec{r}}$ であることを用いて変形する．ただし，$(\vec{v})^2 = \vec{v} \cdot \vec{v}$ と表記する．

$$(LHS) = \int_{t_A}^{t_B} \frac{\mathrm{d}}{\mathrm{d}t}\left(\frac{1}{2}m(\dot{\vec{r}})^2\right)\mathrm{d}t = \left[\frac{1}{2}m(\dot{\vec{r}})^2\right]_{t_A}^{t_B} = \left[\frac{1}{2}m(\vec{v})^2\right]_{t_A}^{t_B}$$

$$= \frac{1}{2}m{v_B}^2 - \frac{1}{2}m{v_A}^2 \tag{5.42}$$

$$(RHS) = \int_{t_A}^{t_B} \vec{F} \cdot \dot{\vec{r}}\,\mathrm{d}t = \int_{t_A}^{t_B} \vec{F} \cdot \mathrm{d}\vec{r} = W \tag{5.43}$$

右辺の変形には，$\dot{\vec{r}} = \mathrm{d}\vec{r}/\mathrm{d}t$ の関係式を利用して変形してある．右辺の値は，式 (5.22) と同等となり，質点が点 A から B まで移動する間に力 $\vec{F}$ がした仕事 W に等しくなる．点 A，点 B における運動エネルギー (Kinetic Energy) を K_A，K_B と表すことにすると，

$$K_A = \frac{1}{2}m{v_A}^2 \quad , \quad K_B = \frac{1}{2}m{v_B}^2 \tag{5.44}$$

運動エネルギーの増加分は，式 (5.42)，式 (5.43) から

$$K_B - K_A = W \tag{5.45}$$

となり，力 $\vec{F}$ が質点にした仕事 W に等しくなる．

力 $\vec{F}$ が保存力の場合には，質点になされた仕事 W は，位置エネルギーの変化と等しいことが証明できた．点 A，点 B における位置エネルギー

(Position Energy) を P_A, P_B とすると,

$$P_A - P_B = W \tag{5.46}$$

が成り立つ. 式 (5.45) と式 (5.46) を等しいとおくと,

$$K_A + P_A = K_B + P_B \tag{5.47}$$

が成り立つ. つまり, 運動エネルギーと位置エネルギーの総和が一定に保たれること, すなわち力学的エネルギー保存則が成り立つことが示された. ここで大事なことは, 式 (5.45) は常に成り立つが, 式 (5.46) は力 $\vec{F}$ が保存力の場合にのみ成り立つということである. これまで, 力学的エネルギー保存則がいつも成り立つと理解していたかもしれないが, それは, 重力 (保存力) がはたらく場のみを考えていたからにすぎない. 保存力以外の力が質点にはたらく場合には, 力学的エネルギー保存則は成り立たなくなる. 以下では, 力学的エネルギー保存則を使って, 簡単な例を考えてみる.

▌例題 5.1　放物運動

　垂直上向きを y 軸にとって, 初速度 v_0 で投げ出された質点の運動を考える (図 5.7(a)). 質点には重力のみがはたらき, 摩擦は作用しないとする. この時, 質点は放物運動をする. エネルギー保存則を導きなさい.

解答　重力ポテンシャルを $P = mgy$ とすると, 高さ y の質点が持つ速度を v とすると,

$$\frac{1}{2}mv^2 + mgy = C \tag{5.48}$$

定数 C は, 初期条件 $y = 0$ で $v = v_0$ から, $C = mv_0{}^2/2$ となり,

$$v^2 = v_0{}^2 - 2gy \tag{5.49}$$

となる.

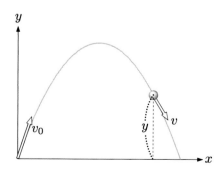

(a)　放物運動のエネルギー保存

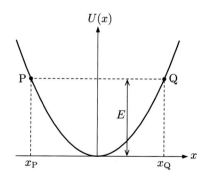

(b)　調和振動のエネルギー保存

図 5.7　力学的エネルギー保存則の例　(a) 放物運動, (b) 1 次元調和振動子

例題 5.2　1次元調和振動

水平面上に一端を固定したバネを考える．もう一方の端に質点を固定して，そっと質点を離すと，単振動がおこる．ただし，壁との摩擦は考えないとする．エネルギー保存則を導きなさい．

解答　復元力は釣り合いの位置から x 離れた距離に比例して，$F = -m\omega^2 x$ がはたらくので，

$$P(x) = \frac{1}{2}m\omega^2 x^2 \tag{5.50}$$

をバネの持つ位置エネルギー (弾性ポテンシャル) と定義する．位置エネルギーと復元力との関係は $F = -\mathrm{d}P/\mathrm{d}x$ を満たす．質点の運動に関するエネルギー保存則は，

$$E = \frac{1}{2}m\dot{x}^2 + \frac{1}{2}m\omega^2 x^2 \tag{5.51}$$

と書け，E は一定に保たれる．このような体系を1次元調振動子と呼び，図 5.7(b) に位置エネルギーの変化を示す．質点は $-A \leq x \leq A$ の範囲で単振動を繰り返し，位置エネルギーが最大となるとき，$x = A$ かつ $\dot{x} = 0$ であるので，$E = (1/2)m\omega^2 A^2$ となる．これを振動のエネルギーと呼ぶ．

5.2.4　摩擦による仕事とエネルギーの散逸

保存力とは，位置 (x, y, z) が決まると一義的に定まる力である．保存力のみが作用する質点の運動には，力学的エネルギーの保存則が成り立つことを学んだ．それでは，質点に摩擦力がはたらく場合はどうなるか？ 摩擦力は，静止摩擦力も動摩擦力も場所が決まっただけでは，一義的には決まらない．その方向は質点の運動の方向と関係しているので，保存力ではない．それでは，保存力以外の力がはたらく場合，質点の運動エネルギーはどのようになるのかを本節では考える．

質量 m の質点に保存力 $-\nabla P$ と保存力以外の力 $\vec{F'}$ が作用すると，運動方程式は

$$m\ddot{\vec{r}} = -\nabla P + \vec{F'} \tag{5.52}$$

両辺に $\dot{\vec{r}}$ をかけると，

$$m\ddot{\vec{r}} \cdot \dot{\vec{r}} + \nabla P \cdot \dot{\vec{r}} = \vec{F'} \cdot \dot{\vec{r}} \tag{5.53}$$

となる．上式の解釈をする前に，式変形の準備をしておく．

$$\nabla P = \left(\frac{\partial P}{\partial x}, \frac{\partial P}{\partial y}, \frac{\partial P}{\partial z} \right) \tag{5.54}$$

$$\dot{\vec{r}} = \left(\frac{\mathrm{d}x}{\mathrm{d}t}, \frac{\mathrm{d}y}{\mathrm{d}t}, \frac{\mathrm{d}z}{\mathrm{d}t} \right) \tag{5.55}$$

また，ポテンシャル $P(x, y, z)$ を時間で微分することを考える．ポテンシャルは位置 (x, y, z) の関数であるので，位置での微分をしてから時間で微分

をする．

$$\frac{\mathrm{d}}{\mathrm{d}t}P(x,y,z) = \frac{\partial P}{\partial x}\frac{\mathrm{d}x}{\mathrm{d}t} + \frac{\partial P}{\partial y}\frac{\mathrm{d}y}{\mathrm{d}t} + \frac{\partial P}{\partial z}\frac{\mathrm{d}z}{\mathrm{d}t}$$

$$= \left(\frac{\partial P}{\partial x}, \frac{\partial P}{\partial y}, \frac{\partial P}{\partial z}\right) \cdot \left(\frac{\mathrm{d}x}{\mathrm{d}t}, \frac{\mathrm{d}y}{\mathrm{d}t}, \frac{\mathrm{d}z}{\mathrm{d}t}\right) \qquad (5.56)$$

右辺に式 (5.54) と式 (5.55) を代入すると，

$$\frac{\mathrm{d}}{\mathrm{d}t}P(x,y,z) = \nabla P \cdot \vec{r} = \vec{r} \cdot \nabla P \qquad (5.57)$$

となる．これで準備ができたので，式 (5.53) の左辺に式 (5.57) を代入して変形すると，次式になる．

$$\frac{\mathrm{d}}{\mathrm{d}t}\left[\frac{1}{2}m\vec{r}^{\,2} + P(x,y,z)\right] = \vec{F'} \cdot \vec{r} \qquad (5.58)$$

力学的エネルギーは，

$$E = \frac{1}{2}m\vec{r}^{\,2} + P(x,y,z) \qquad (5.59)$$

であるから，力学的エネルギー保存則は成り立たないことがわかる．$\vec{F'}$ が質点の運動を妨げる場合には，エネルギーは減少する．その一例は，壁面と接する際の摩擦力や自由落下する際の空気抵抗が考えられる．力学的エネルギーが少なくなっていくことを，エネルギー散逸と呼ぶ．逆に力学的エネルギーが増大する場合もありうる．たとえば，共振 (第 6 章を参照) と呼ばれる現象は，外部から加えられる力のエネルギーが増大することで，質点の運動が変化する．力学的エネルギーの増減は，外部からなされる仕事に等しいことがわかる．

例題 5.3　摩擦のある粗い斜面を滑り落ちる質点

質量 m の質点が点 A から初速 0 で滑り落ち，斜面に沿って s だけすすみ，点 B に到達する．このとき点 B での速度を求めなさい．

解答　点 B での速度を v として，点 B に対する点 A の高さを h とする．垂直抗力は $N = mg\cos\theta$ なので，動摩擦係数を μ' とすると，動摩擦力は $F' = mg\mu'\cos\theta$ となる．点 B の高さを重力ポテンシャルの基準にとると点 A，点 B での力学的エネルギーは，

$$E_{\mathrm{A}} = mgh = mgs\sin\theta \quad , \quad E_{\mathrm{B}} = \frac{1}{2}mv^2 \qquad (5.60)$$

動摩擦のする仕事は

$$W' = -mg\mu's\cos\theta \qquad (5.61)$$

となり，したがって，次式が成り立つ．

$$\frac{1}{2}mv^2 - mgs\sin\theta = -mg\mu's\cos\theta \qquad (5.62)$$

よって，速度 v を求めると，

$$v = \sqrt{2gs(\sin\theta - \mu'\cos\theta)} \qquad (5.63)$$

となる．

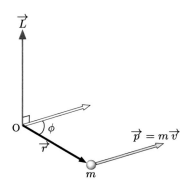

図 5.8 角運動量 $\vec{L} = \vec{r} \times \vec{p} = \vec{r} \times m\vec{v}$.

5.3 角運動量保存則

原点から位置 $\vec{r}$ にある質点 (質量 m) が速度 $\vec{v}$ で移動しているとする. このとき, 原点を基準とする質点の角運動量は, ベクトルの外積を用いて定義される (図 5.8).

$$\vec{L} = \vec{r} \times \vec{p} \tag{5.64}$$

ここで, $\vec{p}$ は質点の運動量 $\vec{p} = m\vec{v}$ である. 運動量は質点の位置には関係なく定義されるが, 角運動量は基準となる点からの位置ベクトル $\vec{r}$ により表される. 基準位置が変わると角運動量も変わるため, 相対的量であることに注意しよう. $\vec{p}$ の始点を $\vec{r}$ の始点と一致させ, 2 つのベクトルのなす角を ϕ とする. このとき, 角運動量の大きさは, $|\vec{L}| = |\vec{r}||\vec{p}|\sin\phi$ となり, その方向は $\vec{r}$ を $\vec{p}$ に一致させる方向の回転したときの右ねじの進む向きとなる.

式 (5.64) の両辺を時間で微分すると,

$$\dot{\vec{L}} = \frac{\mathrm{d}}{\mathrm{d}t}(\vec{r} \times \vec{p}) = (\dot{\vec{r}} \times \vec{p}) + (\vec{r} \times \dot{\vec{p}}) \tag{5.65}$$

となる. つまり, 外積の順序を変えなければ, 積の微分の規則がベクトル積にも成り立つことがわかる. $\vec{p} = m\vec{v} = m\dot{\vec{r}}$ であり, 同じ方向のベクトルの外積はゼロなので $\vec{r} \times \dot{\vec{r}} = 0$, $\dot{\vec{p}}$ は粒子にはたらく力 $\vec{F}$ と考えられるので,

$$\dot{\vec{L}} = \vec{r} \times \dot{\vec{p}} = \vec{r} \times \vec{F} \tag{5.66}$$

となる. ここで, 右辺はトルク (力のモーメント) $\vec{T_r} \equiv \vec{r} \times \vec{F}$ と定義され, 単位は $[\mathrm{N \cdot m}]$ である (図 5.9). つまり, 角運動量の時間変化をもたらすのは, トルクがはたらくからと解釈できる.

$$\vec{T_r} = \dot{\vec{L}} \tag{5.67}$$

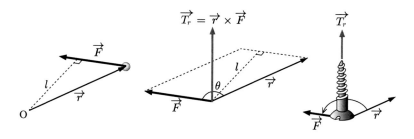

$$\vec{T_r} = \vec{r} \times \vec{F}$$

図 5.9 トルク, もしくは力のモーメント

上式は, ニュートンの第2法則 (式 (1.36)) との対比で理解してほしい. 中心力以外の力に基づく外部トルクが加えられた場合には, 角運動量の時間的変化は一定にはならない. つまり, 角運動量に関する重要な関係を導くことができる.

> **角運動量保存の法則**
>
> 系に加えられる外部トルクがゼロである場合には, 系の角運動量は一定に保たれる

例題 5.4　角運動量を保存する運動

中心に穴の開けてある水平でなめらかな台の上で, 質量 m の物体にひもをつけ, 穴を中心に半径 r_0, 速さ v_0 の等速円運動をさせる (図 5.10). 物体と台, ひもと台や穴との間に摩擦はないものとする.

(1) 穴の下に出ているひもの端を引っ張って, 円運動の半径を r_1 に縮めたときの物体の速さ v_1 を求めよ. このとき, 物体の運動エネルギーはどのように変化したか. この変化は何によって生じたか.

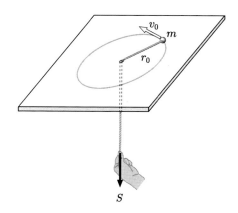

図 5.10 等速円運動をする物体と角運動量保存

(2) このとき，円運動の角速度はどのように変化するか．

解答 物体にはたらくひもの張力 S は，穴を力の中心とする中心力なので，物体の穴のまわりの角運動量 L は一定である．よって，

$$L = mr_0v_0 = mr_1v_1 \tag{5.68}$$

が成り立つので，$v_1 = v_0 \times r_0/r_1$ となる．$r_0 > r_1$ なので，$v_1 > v_0$ である．運動エネルギーの変化は，

$$\frac{1}{2}mv_1{}^2 - \frac{1}{2}mv_0{}^2 = \frac{L^2}{2mr_1{}^2} - \frac{L^2}{2mr_0{}^2} > 0 \tag{5.69}$$

である．この運動エネルギーの増加は，ひもの張力 $S = mv^2/r = L^2/(mr^3)$ のする仕事である．また，$v_0 = r_0\omega_0$，$v_1 = r_1\omega_1$ なので，角運動量保存則から，以下の関係が成り立つ．

$$mr_0{}^2\omega_0 = mr_1{}^2\omega_1 \tag{5.70}$$

よって，$\omega_1 = \omega_0 r_0{}^2/r_1{}^2 \ (> \omega_0)$ となるので，物体の角速度 ω も増加する．

　　トルクがゼロになる場合には，位置ベクトル $\vec{r}$ と力 $\vec{F}$ が平行になる場合である．そのよい例は，太陽の周りをまわる惑星であろう．地球は太陽から万有引力 (第7章) を受けて公転をしている．引力は2つの物体の中心を結ぶ線上にはたらいており，中心力と呼ばれる．太陽を原点とする地球の位置ベクトルと引力は平行になり，式 (5.66) の右辺はゼロとなる．したがって，角運動量は一定に保たれる．太陽の周りを公転する惑星は3次元空間で運動をするが，角運動量が一定に保たれる運動では，より簡略化できる．平行でない2つのベクトル $\vec{r}$ と $\vec{p}$ を含む平面は1つに定まるので，惑星の運動はその平面内に限定され，本質的には2次元となる．

　　ヨハネスケプラー (1571-1630) は，惑星運動に関する3つの法則を提示している．そのうちの1つが，ケプラーの第2法則と呼ばれ，角運動量保存と密接に関連するので，以下に説明する．

> **ケプラーの第2法則**
>
> 惑星が中心力をうけて太陽の周りを移動するとき，惑星と太陽を結ぶ線分が単位時間に掃き去る面積は一定である

　　ケプラーは，師のチコ・ブラーエ (1546-1601) が残した詳細な観測データを基に，第2法則を提示した．膨大なデータ間に潜む関係を見出したが，その数学的な証明がなされるのは，ニュートン力学の出現を待つことになる．図5.11には，太陽 (原点 O) を中心とした惑星の軌道 (楕円軌道) を模式的に示したものである．時間間隔 dt の間に，惑星は点 P から点 Q に移動し，位置ベクトル $\vec{r}$ が掃き去る面積 (dA) を斜線部として示した．ケプ

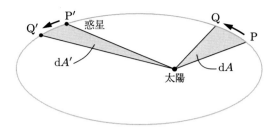

図 5.11 惑星の面積速度とケプラーの第 2 法則

ラーの第 2 法則では，面積の時間変化 $\mathrm{d}A/\mathrm{d}t$ が惑星の位置によらずに一定になることを主張している．

　惑星の移動速度を $\vec{v}$ とすると，点 P から点 Q までの位置ベクトルの変化は，$\mathrm{d}\vec{r} = \vec{v}\,\mathrm{d}t$ で与えられる．時間間隔を微小時間と考えれば，弧 PQ は直線と近似できるので，斜線部分の面積を外積を用いて表すことができる．面積は常に正と考えられるので，外積ベクトルの大きさのみを考えるために，絶対値をつけておく．

$$\mathrm{d}A = \frac{1}{2}(|\vec{r} \times \vec{v}|\,\mathrm{d}t) \tag{5.71}$$

ここで，運動量 $\vec{p} = m\vec{v}$ を用いて速度 $\vec{v}$ を運動量 $\vec{p}$ で表し，$\mathrm{d}t$ で両辺をわると，

$$\frac{\mathrm{d}A}{\mathrm{d}t} = \frac{1}{2m}(|\vec{r} \times \vec{p}|) \tag{5.72}$$

となる．式 (5.66) より，$\vec{F}$ が中心力の場合には，角運動量が保存されるので $\vec{r} \times \vec{p} = \vec{T_r}$ となり，$\mathrm{d}A/\mathrm{d}t = $ 一定 が導かれる．詳しくは，式 (5.72) の両辺を t で微分すると，

$$\frac{\mathrm{d}^2 A}{\mathrm{d}t^2} = \frac{1}{2m}(|\dot{\vec{r}} \times \vec{p} + \vec{r} \times \dot{\vec{p}}|) \tag{5.73}$$

となる．$\dot{\vec{r}} = \vec{v}$ であり，$\vec{v}$ と $\vec{p}$ は平行なので，$\dot{\vec{r}} \times \vec{p} = 0$ となる．また，$\dot{\vec{p}} = \vec{F}$ であることを利用すると，

$$\frac{\mathrm{d}^2 A}{\mathrm{d}t^2} = \frac{1}{2m}(|\vec{r} \times \dot{\vec{p}}|) = \frac{1}{2m}(|\vec{r} \times \vec{F}|) \tag{5.74}$$

となる．太陽と地球の間に働く力 $\vec{F}$ と $\vec{r}$ は平行なので，$\vec{r} \times \vec{F} = 0$ となる．よって，式 (5.74) から $\mathrm{d}^2A/\mathrm{d}t^2 = 0$ であり，両辺を t で 1 回積分すると，$\mathrm{d}A/\mathrm{d}t = C$ （C は定数）が導かれる．なお，$\mathrm{d}A/\mathrm{d}t$ は面積の時間的変化を表すので，面積速度と呼ばれる．ケプラーの第 2 法則は，太陽と惑星の間に中心力がはたらくことが，本質的な役割となる．しかし，ケプラーの第 1，第 3 法則は，まったく異なる万有引力の性質 (距離の 2 乗に逆比例する) が関係してくる．詳しくは第 7 章で説明する．

5章のアクティブラーニング

5.1 運動量保存則

[1] ニュートンの第3法則は，運動量保存の法則と等価であることを，3粒子系での運動量変化と外力の関係から証明しなさい．

[2] 質量 1000 [kg] の自動車が時速 72 [km] で壁に正面衝突して，大破して速さ 3.0 [m/s] で跳ね返された．衝突時間を 0.10 [秒] とする．自動車に 0.10 秒間にはたらいた外力の時間平均値を計算しなさい．

[3] 宇宙空間には大気は存在しないので，ロケットに力を作用する物体は存在しない．それなのにロケットはなぜ，加速されるのか．

5.2 エネルギー保存則

[1] 保存力とは何かを説明しなさい．

[2] 摩擦力は保存力ではありません．なぜでしょうか．

[3] 自由落下する質点の運動方程式を立てることから，力学的エネルギー保存則である式 (5.36) を導きなさい．

[4] 式 (5.53) の左辺に式 (5.57) を代入して式 (5.58) が導かれることを証明しなさい．

5.3 角運動量保存則

[1] 式 (5.64) の両辺を時間で微分すると，式 (5.65) となることを証明しなさい．

[2] 質量 m の物体が点 O を中心とする半径 r の円周上を速さ v ($= r\omega$, ω は角速度) で等速円運動をしている．この時の角運動量 L を求めなさい．角運動量保存則が成り立つことを証明しなさい．

[3] ブランコをこぐときは最高点付近でかがみ，最低点付近では立ち上がる．このようにするとブランコを速くこげることを経験的に知っている．この原理を角運動量保存則から説明しなさい．

◆演習問題◆

5.1 力 $\vec{F} = (F_x, F_y, F_z)$ が保存力であれば，A 点と B 点間の移動に伴う仕事 W は経路によらず，始点と終点の位置によって決まる．このとき，式 (5.27) と

(5.28) が成り立つ．この関係を利用して，$\vec{F}$ が保存力であるための必要十分な条件を求めなさい．

5.2 次元平面上で原点からの距離 r の 2 乗に反比例して働く引力は保存力か．また，原点からの距離 r に比例してはたらく引力の場合は保存力となるか．

5.3 質量の等しい 3 つの質点が，xy 面上の 3 点 $(2,0)$，$(-2,0)$，$(0,3)$ から速度 v でそれぞれ x 方向，$-x$ 方向，y 方向に動き出したとする．このとき，質量中心（重心）の座標を求めなさい．

5.4 線密度 λ の鎖を机の上にとぐろを巻いて置く．一端を持って，一定の速度 v で水平に引き，次々に運動状態に移行させる．このとき，手から鎖に及ぼす力 F を求めなさい．また，鉛直上向きに速度 v で引き上げて，長さが x になった時の力 F を求めなさい．

6

外力を受ける振動

6.1 減衰振動

x 軸上にある質量 m の質点に復元力 $-kx$ と外力 F がはたらく場合を考える (図 6.1 参照). 外力としては，質点の運動を減衰させる抵抗力を考える. 抵抗力は壁との摩擦を考えているが，その一般の形は 4.3 節で取り扱った速度 $\dot{x}$ に比例する抗力を考えるのが妥当であろう. 質点の運動方程式は，

$$m\ddot{x} + b\dot{x} + kx = 0 \tag{6.1}$$

となり，x についての 2 階の微分方程式である. 式 (6.1) をより取り扱いが容易にするために，両辺を m で割って，$b/m = 2\beta$ とおく. β は減衰の大きさを表すパラメータで，減衰定数と呼ばれる. また，4.6.2 節で説明したように，抗力がない場合の単振動の周波数 ω_0 は，$\omega_0{}^2 = k/m$ で与えられる. したがって，式 (6.1) を以下のように変形することができる.

$$\ddot{x} + 2\beta\dot{x} + \omega_0{}^2 x = 0 \tag{6.2}$$

ω_0 は，外力がはたらかない場合に質点が振動する周波数であり，固有振動数と呼ばれる. 微分方程式を解くための説明は，3.2.3 節を参照されたい. 本節では微分方程式を解いた結果のみを利用する. 微分方程式の一般解は，

$$\gamma_1 = -\beta + \sqrt{\beta^2 - \omega_0{}^2}$$

$$\gamma_2 = -\beta - \sqrt{\beta^2 - \omega_0{}^2} \tag{6.3}$$

を用いて，以下のように表される. C_1, C_2 は積分定数である.

$$x(t) = C_1 \exp(\gamma_1 t) + C_2 \exp(\gamma_2 t) \tag{6.4}$$

式 (6.3) を式 (6.4) に代入すると以下の式となる.

$$x(t) = C_1 \exp(\gamma_1 t) + C_2 \exp(\gamma_2 t)$$

$$= \exp(-\beta t) \times \left(C_1 \exp(\sqrt{\beta^2 - \omega_0{}^2}\,t) + C_2 \exp(-\sqrt{\beta^2 - \omega_0{}^2}\,t) \right) \tag{6.5}$$

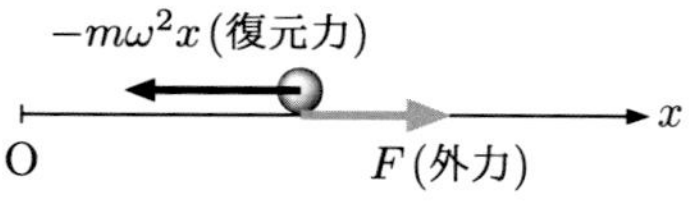

図 6.1　復元力と外力がはたらく場合の質点の運動

複雑な式 (6.5) で表される質点の運動を 4 つの場合に分類して説明していこう.

6.1.1 抵抗力がゼロの場合

質点の運動に抗力がはたらかない場合には, $\beta = 0$ とおくと,

$$x(t) = C_1 \exp(i\omega_0 t) + C_2 \exp(-i\omega_0 t) \tag{6.6}$$

となる. i は虚数単位である. 質点の運動は実空間で起こるので, 実数である. しかし, 右辺は虚数であるから, 積分定数を適切に選ぶ必要がある. 指数関数 $\exp(\pm i\omega_0 t)$ は, オイラーの公式 (2.3) を用いると三角関数で表すことができる.

$$\exp(\pm i\omega_0 t) = \cos(\omega_0 t) \pm i\sin(\omega_0 t) \tag{6.7}$$

したがって, 式 (6.6) はオイラーの公式を用いると,

$$x(t) = (C_1 + C_2)\cos(\omega_0 t) + i(C_1 - C_2)\sin(\omega_0 t)$$

$$= B_1 \cos(\omega_0 t) + B_2 \sin(\omega_0 t) \tag{6.8}$$

となる. ただし, 積分定数は新たに $B_1 = C_1 + C_2$, $B_2 = i(C_1 - C_2)$ と置き換えた. 関数 $\cos(\omega_0 t)$ も $\sin(\omega_0 t)$ も実数であるから, B_1 と B_2 も実数でなければならないという制約がある. 初期条件として, $t = t_0$ のとき $x(0) = B_1$ となる. また, 両辺を t で微分すると初期速度は $\dot{x}(0) = B_2 \omega_0$ と与えられる. たとえば, 質点を $x = x_0$ の位置まで引き延ばし, そっと離した場合 ($v_0 = 0$) には, $B_1 = x_0$, $B_2 = 0$ となり, $x(t) = x_0 \cos(\omega_0 t)$ と余弦関数となる. また, 時刻 $t = 0$ において原点 $x = 0$ にある質点に初速 v_0 を与えた場合には, $B_1 = 0$, $B_2 = v_0/\omega_0$ である. このとき, 質点の運動は正弦関数 $x(t) = (v_0/\omega_0)\sin(\omega_0 t)$ で与えられる. その後, 質点は周期 $T = 2\pi/\omega_0 [s]$ で周期的な運動を繰り返す.

単振動の解は, 正弦関数と余弦関数の重ね合わせとして表されるが, 三角関数の合成公式を用いると, より簡素になる.

$$x(t) = B_1 \cos(\omega_0 t) + B_2 \sin(\omega_0 t)$$

$$= A\cos(\omega_0 t - \alpha) \tag{6.9}$$

単振動の軌跡は振幅は $A = \sqrt{{B_1}^2 + {B_2}^2}$ と与えられ, その周波数は ω_0 となる. ただし, 位相が余弦関数から α だけ負の方向にずれることに注意しておきたい. 位相遅れ α は, 正接関数 $\tan\alpha = B_2/B_1$ を満たす角度として与えられる (図 6.2 (a) 参照).

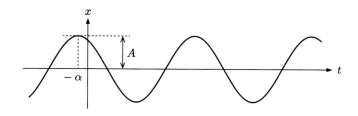

(a)　$\beta = 0$ の場合

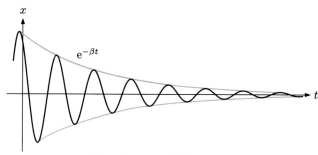

(b)　$\beta < \omega_0$ の場合

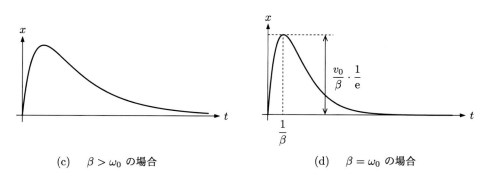

(c)　$\beta > \omega_0$ の場合　　　　　(d)　$\beta = \omega_0$ の場合

図 6.2　復元力と外力がはたらく場合の質点の運動. 外力による分類

6.1.2　減衰が弱い場合

　抵抗はあるが，その力が弱い場合を考える．減衰定数 β が小さい場合を想定しており，具体的には，固有周波数よりも小さい

$$\beta < \omega_0 \tag{6.10}$$

条件を考える．これは，式 (6.5) の右辺に含まれる平方根の符号と関係している．平方根が負にならないように新たに周波数 ω_1 を定義しておく.

$$\omega_1 = \sqrt{{\omega_0}^2 - \beta^2} \tag{6.11}$$

このとき，式 (6.5) を以下のように書き換えられる.

$$x(t) = \exp(-\beta t)\left\{C_1 \exp(i\omega_1 t) + C_2 \exp(-i\omega_1 t)\right\}$$

$$= A \exp(-\beta t) \cos(\omega_1 t - \alpha) \tag{6.12}$$

上式は 2 つの項の積となっており，1 つは指数関数的に減衰する項と，他は周波数 ω_1 で振動する項である．指数関数的に減衰する項は，三角関数の振幅 A を減衰させると考えられる．したがって，振動の様子は図 6.2 (b) に示した実線のようになる．破線は振動波形の包絡線となっており，減衰する振幅の大きさに対応する．指数 β は振動が減衰していく速さを見積もる指数と考えられ，その値が大きいほど減衰は早くなる．$\tau = 1/\beta$ とおくと，τ は時間の次元を持つことになり，指数関数で減衰する項は，

$$\exp(-\beta t) = \exp(-t/\tau) \tag{6.13}$$

と表される．τ は振幅 A が $1/e$ になるまでの時間を表し，τ が小さいほど（β がおおきいほど），振幅は早く減衰する．τ は減衰を特徴づける時間スケールと考えることもできる．

6.1.3 減衰が強い場合

減衰が強い場合を考える．減衰係数が，ω_0 よりも大きくなる場合である．

$$\beta > \omega_0 \tag{6.14}$$

この場合は過減衰と呼ばれ，式 (6.5) の平方根は実数となるので，以下のように表す．

$$\begin{aligned}
x(t) = &\, C_1 \exp\left(-\beta + \sqrt{\beta^2 - \omega_0{}^2}\right) t \\
&+ C_2 \exp\left(-\beta - \sqrt{\beta^2 - \omega_0{}^2}\right) t
\end{aligned} \tag{6.15}$$

右辺の 2 つの項は，$t \to +\infty$ でともにゼロに減衰をしていくことは容易に理解できるだろう．第 2 項の指数関数の係数 $\left(-\beta - \sqrt{\beta^2 - \omega_0{}^2}\right)$ は，第 1 項のそれよりも絶対値が大きいので，早く減衰する．したがって，減衰が長く残る時間スケールを特徴づけるのは第 1 項の係数 $\left(-\beta + \sqrt{\beta^2 - \omega_0{}^2}\right)$ であることがわかる．過減衰のわかりやすい例は，初期時刻 $(t = 0)$ に原点 $(x = 0)$ に置かれた質点が，初速を与えられて移動を開始する場合を考えるとよい．質点は最高変位まで達した後，中心力によって方向を逆転して原点方向に移動をする．そして，$t \to +\infty$ で原点にたどり着く．図 6.2 (c) にその様子を示した．最高変位に到達した後，ゆっくりと変位がゼロに近づく傾向は，式 (6.15) の右辺第 1 項によって決まる．指数関数の係数 $\left(-\beta + \sqrt{\beta^2 - \omega_0{}^2}\right)$ の絶対値が小さいほどゆっくりと原点に漸近する．過減衰では，β が大きいほど，ゆっくりと減衰していくことに注意しよう．

6.1.4 臨界減衰

減衰が弱い場合と過減衰のちょうど中間にある，$\beta = \omega_0$ の場合を臨界減衰と呼ぶ．この場合の一般解は，式 (3.20) の結果を用いると次式となる．

$$x(t) = C_1 \exp(-\beta t) + C_2 t \exp(-\beta t) \tag{6.16}$$

右辺の 2 項とも，指数関数の減衰係数は β となり，同じ速さで減衰していくことがわかる．したがって，臨界減衰を特徴づける時間スケールは $\tau = 1/\beta = 1/\omega_0$ であることがわかる．式 (6.16) を時間 t で微分すると，

$$\dot{x}(t) = \exp(-\beta t) \{-\beta C_1 + C_2 - \beta C_2 t\} \tag{6.17}$$

となり，初期条件 $(x(0) = 0, \dot{x}(0) = v_0)$ を代入すると，$C_1 = 0$，$C_2 = v_0$ となる．$\dot{x} = 0$ となる時刻 $t = 1/\beta$ で最大値 x_{max} をとり，式 (6.16) から $x_{max} = x(1/\beta) = v_0/\beta \times 1/e$ となる．

以上の抗力を受ける質点の減衰運動の特徴を表 6.1 にまとめる．

表 6.1 減衰振動のまとめ

振動の様子	減衰係数の範囲	減衰支配パラメータ
単振動	$\beta = 0$	無し
弱い減衰	$\beta < \omega_0$	β
臨界減衰	$\beta = \omega_0$	β
過減衰	$\beta > \omega_0$	$\beta - \sqrt{\beta^2 - \omega_0{}^2}$

図 6.3 には，横軸に減衰係数 β，縦軸に減衰を支配するパラメータを示した．減衰を支配するパラメータが最も大きくなるのは，臨界減衰の場合である．つまり，固有振動数 ω_0 で振動する物体の振動を最も速やかに減衰させる方法は，減衰係数を $\beta = \omega_0$ に選ぶことである．

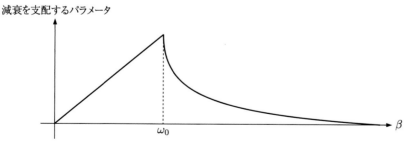

図 6.3 減衰係数 β と減衰を支配するパラメータの関係

6.2 強制振動

中心力を受けて単振動をする質点に強制的な外力が加わった場合を考える. 外力は時間の関数として $F(t)$ とおくと, 質点の運動方程式は以下となる.

$$m\ddot{x} = -m\omega^2 x + F(t) \tag{6.18}$$

このような運動を一般に強制振動と呼ぶ. $F(t)$ がゼロとなる場合については, 4.6.2 節で説明をした. 外力で特に重要となるのは, 振動周期 ω_1 で作用する場合である. 具体的には, $F(t) = mF_0 \cos(\omega_1 t)$, ただし, F_0 は定数とする. 質点の運動方程式は以下となる.

$$\ddot{x} + \omega^2 x = F_0 \cos\omega_1 t \tag{6.19}$$

この微分方程式を解くためには, 解を $x = x_1 + x_2$ とおき,

$$\ddot{x_1} + \omega^2 x_1 = 0 \quad , \quad \ddot{x_2} + \omega^2 x_2 = F_0 \cos\omega_1 t \tag{6.20}$$

を満たす x_1 と x_2 を決めればよい. x_1 は単振動の解であるから, $x_1 = A\sin(\omega t + \alpha)$ で表される. 一方, x_2 を求めるために, B を定数とおいて, $x_2 = B\cos\omega_1 t$ とおいてみる. これを式 (6.20) に代入すると,

$$(-B\omega_1{}^2 + B\omega^2)\cos\omega_1 t = F_0 \cos\omega_1 t \tag{6.21}$$

となるので, 定数 B を定めることができる.

$$B = \frac{F_0}{\omega^2 - \omega_1{}^2} \tag{6.22}$$

以上から, 微分方程式 (6.19) の解を定めることができた.

$$x = A\sin(\omega t + \alpha) + \frac{F_0}{\omega^2 - \omega_1{}^2}\cos\omega_1 t \tag{6.23}$$

ここで, 定数 A, α は初期条件から決定される. 強制振動では, ω で振動する部分と外力の周波数 ω_1 で振動する部分の和として表される. 両者の振動周期が等しく ($\omega = \omega_1$) なると, 右辺第 2 項は発散してしまう. このような現象を共振または共鳴と呼ぶ. たとえば, バネ定数 k に質点 (質量 m) が取り付けられた単振動では, 固有振動数 $\omega_0 = \sqrt{k/m}$ であるから, 共振を避けるためには固有振動数と外力の振動数 ω_1 が一致しないようにする.

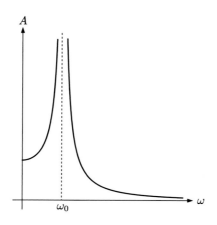

図 6.4 共振が起こる場合の振動周期

6章のアクティブラーニング

6.1 減衰振動

[1] 式 (6.3) を式 (6.4) に代入することで, 式 (6.5) を導きなさい.

[2] 単振動が外力を受けて減衰する場合は, 主に 4 つの場合が考えられる. それらの減衰の特徴を説明しなさい.

6.2 強制振動

[1] 単振動に外力が加わった場合, 振動が共振するとはどのような現象かを説明しなさい.

[2] 外力を時間の関数 $F(t)$ とした場合に, 単振動の共振を起こさないようにするためにはどうすればよいかを説明しなさい.

◆**演習問題**◆

6.1 図 6.5 に示すように水の入った大きなバケツに, ボトルがまっすぐに浮いている. つり合いの状態では, 水面から深さ d_0 に沈んでいる. ボトルを深さ d まで押し下げ手を離すと単振動を行うが, その時の周期を求めなさい. ただし, ボトルの質量を m, 断面積を A, 水の密度 ρ, 重力加速度を g とする.

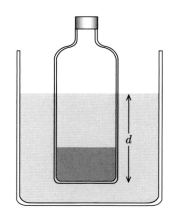

図 6.5 バケツの水に浮かぶボトル

6.2 図 6.6 に示す電気回路には，コイル，抵抗，コンデンサが直列につながれている．コイルのインダクタンスを L，コンデンサの容量を C，抵抗を R とする．コンデンサの左側のプレートの電荷を $q(t)$ とする．このとき，回路に流れる電流は $I(t) = \dot{q}(t)$ となる．電流が流れる方向に電圧の変化を考えると，コイルの両端では $L\dot{I}$，抵抗では RI，コンデンサでは q/C だけ変化する．キルヒホッフの第 2 法則を適用すると，電荷 q の従う微分方程式を求めなさい．外力の働く単振動との対比から，摩擦抗力は電気回路では何に相当するか．

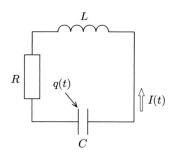

図 6.6 LRC 回路

7

万有引力と惑星の運動

　ニュートンがリンゴが木から落ちるのを眺めながら，万有引力の法則を思いついたという逸話の真意は別として，あらゆる物体の間にはたらく引力 (万有引力) の大きさとその取扱いについて学びたい．ニュートンが万有引力を思いついた時代には，すでに地動説は知られるところとなり，地球を含めた惑星が太陽の周りを公転する現象をどのように説明するのかに興味が持たれていた．

7.1 万有引力の法則

　質量 M と質量 m の質点が，距離 r だけ離れているとき，質点の間には互いに引き合う力がはたらく．その方向は 2 つの質点を結ぶ線上にあり，その大きさは質点の質量の積 mM に比例し，距離の 2 乗 r^2 に反比例する．これを万有引力の法則と呼び，その力の大きさは

$$F = G\frac{mM}{r^2} \tag{7.1}$$

で与えられる．式中の比例定数 G は万有引力定数または重力定数と呼ばれ，その値は $G = 6.67 \times 10^{-11}\,[\mathrm{Nm^2/kg^2}]$ である．質量 M の質点が質量 m の質点に力 $\vec{F}$ を及ぼすとき，作用・反作用の法則から，質量 m の質点は質量 M の質点に力 $-\vec{F}$ を及ぼす．

　次に，万有引力をベクトル表示してみる．質量 M の質点の位置ベクトルを $\vec{R} = (X, Y, Z)$，質量 m の質点の位置ベクトルを $\vec{r} = (x, y, z)$ とする．質点 M から質点 m に向かう単位ベクトルは

$$\frac{\vec{r} - \vec{R}}{|\vec{r} - \vec{R}|} \tag{7.2}$$

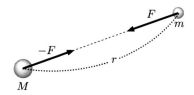

図 7.1 物体にはたらく万有引力

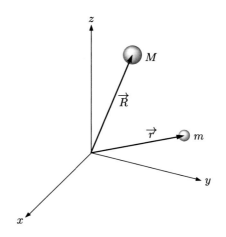

図 7.2 万有引力と物体位置のベクトル表記

で与えられる．よって，万有引力は

$$\vec{F} = -\frac{GmM}{|\vec{r} - \vec{R}|^2} \frac{\vec{r} - \vec{R}}{|\vec{r} - \vec{R}|} \tag{7.3}$$

となる．ただし，2つの質点の間の距離は以下で与えられる．

$$|\vec{r} - \vec{R}| = \sqrt{(x - X)^2 + (y - Y)^2 + (z - Z)^2} \tag{7.4}$$

万有引力の (x, y, z) 方向の各成分は以下となる．

$$(F_x, F_y, F_z) = -\frac{GmM}{|\vec{r} - \vec{R}|^3}(x - X, y - Y, z - Z) \tag{7.5}$$

万有引力のポテンシャルを求めるには，以下の条件を満たす (x, y, z) の関数 U を探せばよい．ただし，(X, Y, Z) は固定しておく．

$$F_x = -\frac{\partial U}{\partial x} \quad , \quad F_y = -\frac{\partial U}{\partial y} \quad , \quad F_z = -\frac{\partial U}{\partial z} \tag{7.6}$$

いま，万有引力ポテンシャルが，以下のように与えられたとする．

$$U = -G\frac{mM}{|\vec{r} - \vec{R}|} \tag{7.7}$$

このとき，ポテンシャルを式 (7.6) に代入して，x 成分を計算すると

$$-\frac{\partial U}{\partial x} = -\frac{GmM(x - X)}{|\vec{r} - \vec{R}|^3} \tag{7.8}$$

となり（アクティブラーニング），式 (7.5) と同一となる．y 成分，z 成分についても同様に計算ができるので，U が万有引力ポテンシャルであることがわかる．万有引力ポテンシャルがわかると，どのようなメリットがあるのだろうか？

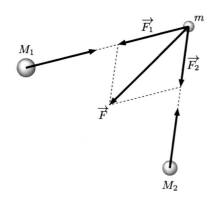

図 7.3 3 つの質点の間にはたらく力

　図 7.3 には，3 つの質点の間にはたらく力の様子を示した．位置 $\overrightarrow{R_1}$ にお
かれた質量 M_1 の質点と位置 $\overrightarrow{R_2}$ におかれた質量 M_2 の質点が，互いに質
量 m_1 の質点に万有引力を及ぼしている状況を考える．万有引力の大きさ
を $\overrightarrow{F_1}$, $\overrightarrow{F_2}$ とすると，その合力は $\overrightarrow{F} = \overrightarrow{F_1} + \overrightarrow{F_2}$ となる．この合力をポテン
シャルを使って計算してみたい．質量 M_1 の質点と質量 M_2 の質点が質量
m_1 の質点に及ぼす重力のポテンシャルを U_1, U_2 とすると，

$$U_1 = -G\frac{mM_1}{|\vec{r} - \vec{R}|} \quad , \quad U_2 = -G\frac{mM_2}{|\vec{r} - \vec{R}|} \tag{7.9}$$

となる．ここで，$U = U_1 + U_2$ とおくと，

$$\vec{F} = -\nabla U = -\left(\frac{\partial U}{\partial x}, \frac{\partial U}{\partial y}, \frac{\partial U}{\partial z}\right) \tag{7.10}$$

が成り立つ．なぜなら，$\vec{F} = \overrightarrow{F_1} + \overrightarrow{F_2}$ であり，各々の力は，ポテンシャルを
使って $\overrightarrow{F_1} = -\nabla U_1$, $\overrightarrow{F_2} = -\nabla U_2$ が成り立つからである．このことは，n
個の質点が及ぼす万有引力の場合にも拡張することができる．i 番目の質点
が持つ質量を M_i，位置ベクトルを $\overrightarrow{R_i}$ とすると，質量 m で位置ベクトル $\vec{r}$
にある質点に及ぼす万有引力ポテンシャルは，

$$U = -G\sum_{i=1}^{n}\frac{mM_i}{|\vec{r} - \overrightarrow{R_i}|} \tag{7.11}$$

で表され，万有引力の合力は $\vec{F} = -\nabla U$ で与えられる．2 つぐらいの質点
が及ぼす万有引力であれば，その成分を計算して算出することも可能であろ
う．しかし，質点の数が 10 ともなると，各成分を計算することは困難にな
る．式 (7.11) のようにポテンシャルを用いることで，計算を格段に容易に
できる．また，気づいたであろうが質点の位置を座標ではなく，位置ベク
トルで表記していることも，計算を大いに簡略化してくれる．

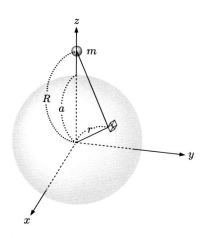

図 7.4 半径 a の球と質点と配置

7.2 球による万有引力

ここまでは,質点の間にはたらく万有引力について考えてきた.実際の惑星には体積があり,その体積全体でしめる質量に対して万有引力を考える必要がある.本節では,この問題を考えてみたい.

図 7.4 には,半径 a の球と質点と配置した.両者の間にはたらく万有引力を考える.球の中心は座標軸の原点に一致させてあり,その密度を ρ とすると,質量は $M = 4\pi a^3/3\rho$ で与えられる.z 軸上,原点からの距離 $R = |\vec{R}|$ に質量 m の質点を置くとき,球と質点の間にはたらく万有引力を考える.その考え方は,多数の質点が及ぼす万有引力の合力を計算する方法 (図 7.3) を利用する.球を微小体積 $\mathrm{d}v$ に分割し,式 (7.11) を用いて,微小体積と質点との間にはたらく万有引力を計算すればよい.微小体積が持つ質量 $\mathrm{d}v$ と質点との万有引力ポテンシャルは,

$$\mathrm{d}U = -G\frac{m\rho\,\mathrm{d}v}{r'} = -\frac{Gm\rho}{r'}\,\mathrm{d}v \tag{7.12}$$

と表される.ただし,$r' = |\vec{r'}|$ は微小体積と質点との間の距離とする.両辺を積分すると,球全体に及ぼすポテンシャルが得られる.式 (7.11) での $\sum$ が $\int$ になっていることに注意しよう.

$$U = -\int \frac{Gm\rho}{r'}\,\mathrm{d}v \tag{7.13}$$

万有引力ポテンシャルを計算するには,右辺の体積積分をする必要がある.積分には,極座標 (3 次元) 表示を用いる (図 7.5 参照).原点から微小体積までの位置ベクトルを $\vec{r}$ とすると,$\vec{r'} = \vec{R} - \vec{r}$ であるから,

$$r'^2 = \vec{r'} \cdot \vec{r'} = R^2 + r^2 - 2\vec{r} \cdot \vec{R} \tag{7.14}$$

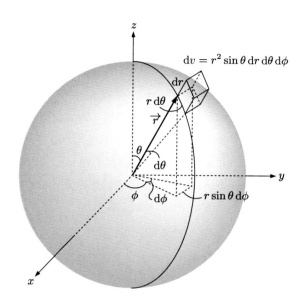

図 7.5 球の極座標表示と微小体積

となる. また, $\vec{r} \cdot \vec{R} = r \times R\cos\theta$ であるから,

$$r' = \sqrt{R^2 + r^2 - 2Rr\cos\theta} \tag{7.15}$$

となる. 微小体積 $\mathrm{d}v$ の極座標表示を図 7.5 に示す. 微小体積は各辺の長さをかけることで以下のようになる (アクティブラーニング).

$$\mathrm{d}v = r^2 \sin\theta\,\mathrm{d}r\,\mathrm{d}\theta\,\mathrm{d}\phi \tag{7.16}$$

式 (7.13) に式 (7.15) および式 (7.16) を代入すると,

$$U = -Gm\rho \int \frac{r^2 \sin\theta\,\mathrm{d}r\,\mathrm{d}\theta\,\mathrm{d}\phi}{\sqrt{R^2 + r^2 - 2Rr\cos\theta}} \tag{7.17}$$

となる. 右辺の積分は, 3 次元の極座標表示 (図 7.5) から, $0 \le \phi \le 2\pi$, $0 \le \theta \le \pi$, $0 \le r \le a$ であることに注意して積分を行う (アクティブラーニング).

$$\begin{aligned} U &= -Gm\rho \int_0^{2\pi} \int_0^{\pi} \int_0^a \frac{r^2 \sin\theta}{\sqrt{R^2 + r^2 - 2Rr\cos\theta}}\,\mathrm{d}r\,\mathrm{d}\theta\,\mathrm{d}\phi \\ &= -\frac{4\pi Gm\rho a^3}{3R} \end{aligned} \tag{7.18}$$

ここで, 球の質量は $M = 4\pi\rho a^3/3$ であるので,

$$U = -G\frac{Mm}{R} \tag{7.19}$$

となる. つまり, 球が質点に及ぼす重力ポテンシャルは, 球の質量が原点に集中した質点と考えても万有引力の大きさは同じであることがわかった.

万有引力を考える際には，惑星の体積は考慮することなく，質点として扱えばよいことになる．

7.3 楕円軌道と古典力学の誕生

太陽の周りをまわる惑星の軌道は，円ではなく楕円軌道となる．楕円は，2つの定点 P, Q を考え，線分 PR と線分 QR の長さの和が一定になるように点 R を選ぶことによって描かれる．たとえば，点 P と点 Q に画びょうを刺して，長さ一定の糸を巻き付けて，糸の内側に鉛筆を添えて，糸がたわまないように描いた線が楕円となる．数式で書くと，

$$\mathrm{PR} + \mathrm{QR} = (一定値) \tag{7.20}$$

である．この P と Q を楕円の焦点と呼ぶ．また，楕円には2つの半径長さがあり，長半径，短半径と呼ぶ．図 7.6 に示すように，長半径は a，短半径は b である．楕円には重要な幾何学的な性質があり，たとえば楕円の面積 S は，$S = \pi a b$ であり，式 (7.20) の一定値は，$2a$ となる（アクティブラーニング）．楕円の焦点に太陽があり，地球は楕円軌道を描いて公転をしている．楕円軌道を描いていることは，ティコ・ブラーエの精密な観測事実からケプラーが導いた経験則である．現在は，ケプラーの第1法則と呼ばれている．

> **ケプラーの第1法則**
>
> 惑星の軌道は，太陽の位置を1つの焦点とする楕円軌道である

ニュートンは，惑星の軌道が楕円軌道を描いているとき，太陽と惑星の間にどのような力がはたらくのかを彼の「流率法」によって証明をした．具体的には，太陽と惑星の間の距離の2乗に反比例する力がはたらくことを

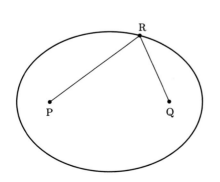 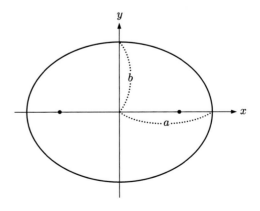

図 7.6 楕円の焦点と長半径，短半径

導いたのである．その証明は，楕円の幾何学的な性質を駆使した，美しくも込み入った数式を用いており，天才の偉業といえるであろう．本文中で説明することは行わないが，興味のある方は文献（「プリンキピアを読む」，和田純夫著，ブルーバックス）を参照いただきたい．観測結果に基づいた経験則として導かれたケプラーの法則を，数理的に証明したことにより，古典力学が誕生したと考えらえる．なお，ケプラーの第2法則は，5.3節で角運動量保存則との関係から説明をした．ケプラーの第3法則は，

ケプラーの第3法則

惑星の公転周期の2乗と軌道の長半径の3乗の比率は，惑星によらず一定である

と表される．

7章のアクティブラーニング

7.1 万有引力の法則

[1] 式 (7.7) に示した万有引力ポテンシャルを，式 (7.6) に代入して，その x 成分 F_x が式 (7.8) となることを証明しなさい．

[2] 極座標表示された微小体積は，どのようになるかを図示しなさい．

[3] 極座標表示された微小体積は，式 (7.16) のように表記できることを説明しなさい．

[4] 式 (7.18) の定積分を行い，その結果が式 (7.19) となることを示しなさい．

[5] 質量 m を持つ2つの質点が x 軸上に置かれている $(\pm a, 0)$．このとき，y 軸上の点 C$(0, b)$ におかれた質量 M の質点に及ぼす万有引力の大きさを求めなさい．

7.2 楕円軌道

[1] 楕円の幾何学的性質，式 (7.20) を証明しなさい．また，面積 S が $S = \pi ab$ となることを証明しなさい．

[2] 太陽の周りをまわる惑星の軌道が円軌道であるとすると，惑星の速さ v は軌道半径 r の平方根に反比例すること $(v \propto 1/\sqrt{r})$ を示しなさい．

[3] 周期が 70 年の彗星の軌道の長軸半径は，地球の軌道の長軸半径の何倍か．

◆演習問題◆

7.1 太陽の周りをまわる惑星の軌道が円であると仮定する．地球の約 30 倍の公転周期をもつ海王星の公転周期を計算しなさい．

7.2 地球の半径を 6378 km，質量を 5.975×10^{24} kg とする．このとき，地表における重力加速度が 9.8 m/s^2 になることを確かめなさい．ただし，万有引力定数を $G = 6.672 \times 10^{-11}$ Nm^2/kg^2 とする．

7.3 地表から高度が 200 km 程度である人工衛星の軌道半径は，地球の半径 (6378 km) に比べてほぼ等しいと考えられ，地表のすれすれを飛行していると近似できる．このとき，人工衛星の回転周期をもとめよ．

7.4 太陽からの引力は，M を太陽の質量，m を惑星の質量，G を万有引力定数とすると，$f(r) = -GMm/r^2$ であるから，惑星の動径方向の運動方程式は

$$\ddot{r} = \frac{h^2}{r^3} - G\frac{M}{r^2}$$

となることを示しなさい．ただし，ケプラーの第 2 法則を用いて，$r^2\dot{\phi} = h$ (一定) とおいている．このとき，両辺に $m\dot{r}$ をかけて，時間に関する積分を行うことで，エネルギー保存則を導きなさい．

付　録

付録1：ニュートンの運動の第2法則と運動方程式

　現代の力学の教科書では，ニュートンの運動の第2法則 (1.7節) を運動方程式 ($\vec{f} = m\vec{a}$) と等価のものとして説明がなされている．しかし，プリンキピア (1687) には運動方程式に相当する数式は書かれておらず，その表現も不十分であった．英国では長い変遷の後に，第2法則が運動方程式に結び付けられていった．

　プリンキピアには，運動の法則は以下のように表されている．

1. 法則 I

   全ての物体は，その静止の状態を，あるいは一直線上の一様な運動の状態を，刻印力 (vis impressa) によってその状態をかえられない限り，そのまま続ける．

2. 法則 II

   運動の変化は，及ぼされる起動力 (vis motrix) に比例し，その力が及ぼされる力の方向に行われる．

3. 法則 III

   作用に対し反作用は常に逆向きで相等しいこと．あるいは，2物体の相互の作用は常に相等しく逆向きであること．

　ニュートンは力を力を「刻印力」として表現しており，物体に力がはたらいた際の測定量を「起動力」という用語で表現していた．プリンキピアには流率法を用いた微分の概念がなされており，数式を用いた表現ではなかった．

　その後，1867年に出版された「自然哲学論」には，プリンキピアからの引用という形式で，第2法則から質量因子も含めた運動方程式

$$M\frac{\mathrm{d}^2 x}{\mathrm{d}t^2} = X, \quad M\frac{\mathrm{d}^2 y}{\mathrm{d}t^2} = Y, \quad M\frac{\mathrm{d}^2 z}{\mathrm{d}t^2} = Z.$$

が導出されている．

参考文献

● 塚本浩司，運動の第2法則はいつから運動方程式となったか？，日本物理学会誌，vol.75, no.9, pp.584-586, (2020).

付録 2：ミリカンの油滴実験

　1923 年にノーベル賞を受賞したロバート・ミリカン (1868 – 1953) の実験では，油滴の沈降速度を詳細に計測している．油滴の落下速度は，本書の式 (4.24) に示したように，流体の粘性抗力のみを受けて一意に終端速度が決まる．ミリカンは，電荷が持つ最も小さな量 (電気素量)，すなわち電子の電荷を計測することを試みていた．

　19 世紀の後半までに，電気は電子という小さな物体によって運ばれているおり，電子は原子の構成要素であることがわかっていた．しかし，その電子はどれくらいの電荷を帯びているのかは明らかになっておらず，物質の構成を研究する物理学者や化学反応を研究する化学者にとっては極めて重要な問題であった．

　本書では密度 ρ と体積 V がわかっている微小な球を自由落下させるとき，その終端速度 v_∞ を見積もることを行った．一方，ミリカンは終端速度を計測することで，電気素量を見積もることに成功した．彼の実験では質量 m の油滴を帯電させ，空気中を落下させる．このとき，距離のわかった 2 地点を油滴が通過する時間をストップウオッチで計測することで終端速度を求め，質量 m が算出される．さらに，上下に電極を設置して，電場を重力と同じ垂直方向にかける．電荷を帯びた油滴は電解から一定の力をうけて，運動することとなる．つまり，式 (4.19) の右辺に電界から受ける力 F' が加わることとなる．終端速度は F' を含む式になるが，F' は電解の強さと油滴の電荷量によって決まるので，終端速度の計測から油滴の電荷量が決まることとなる．

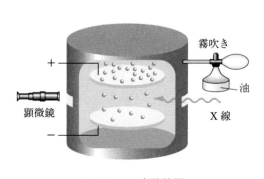

ミリカンの実験装置

　ミリカンの実験は，輝かしい成果を得られた実験である．一方で，彼は実験データの詳細を論文に発表したために，その後にあらぬ批判を受けることになる．実験には必ず不測の事態と不確かさがつきものであり，それらを含むデータの取り扱いには十分に注意が必要である (詳細は参考文献[*]を読まれたい)．ミリカンは詳細な実験ノートを記録していたために，彼の実験の正当性が後年に確かめられることとなる．皆さんも，今後，実験に携わることにあると思いますが，記録をきちんと残す習慣が必要になります．

---

[*] ロバート・P・クリス，青木薫訳，世界でもっとも美しい 10 の化学実験，日経 BP 社，pp.210-239，(2006)

アクティブラーニング略解

── 第 1 章 ──

1.1

[1] 導出については連鎖微分を用いて微分していくだけ. $\sin\theta$ と $\sin(\theta)$ の
表記に違いはありません.

$$v_x = \dot{r}\cos\theta - r\dot{\theta}\sin\theta$$

$$v_y = \dot{r}\sin\theta + r\dot{\theta}\cos\theta$$

となり, もう一度微分すると

$$a_x = \ddot{r}\cos\theta - \dot{\theta}\dot{r}\sin\theta - \dot{r}\dot{\theta}\sin\theta - r\ddot{\theta}\sin\theta - r\dot{\theta}^2\cos\theta$$

$$= \ddot{r}\cos\theta - 2\dot{\theta}\dot{r}\sin\theta - r\ddot{\theta}\sin\theta - r\dot{\theta}^2\cos\theta$$

および,

$$a_y = \ddot{r}\sin\theta + \dot{\theta}\dot{r}\cos\theta + \dot{r}\dot{\theta}\cos\theta + r\ddot{\theta}\cos\theta - r\dot{\theta}^2\sin\theta$$

$$= \ddot{r}\sin\theta + 2\dot{\theta}\dot{r}\cos\theta + r\ddot{\theta}\cos\theta - r\dot{\theta}^2\sin\theta$$

加速度の大きさは, r 一定かつ $\dot{\theta}$ が一定という条件の下で

$$\sqrt{a_x{}^2 + a_y{}^2} = r\dot{\theta}^2$$

[2] 球座標を用いると, デカルト座標は次のように表わせる.

$$x = r\sin\theta\cos\phi$$

$$y = r\sin\theta\sin\phi$$

$$z = r\cos\theta$$

速度に関しては, 1.1 と同様に連鎖微分を用いて,

$$v_x = \dot{r}\sin\theta\cos\phi + r\dot{\theta}\cos\theta\cos\phi - r\dot{\phi}\sin\theta\sin\phi$$

$$v_y = \dot{r}\sin\theta\sin\phi + r\dot{\theta}\cos\theta\sin\phi + r\dot{\phi}\sin\theta\cos\phi$$

$$v_z = \dot{r}\cos\theta - r\dot{\theta}\sin\theta$$

となる. また, 加速度については

$$a_x = (\ddot{r}\sin\theta\cos\phi + \dot{r}\dot{\theta}\cos\theta\cos\phi - \dot{r}\dot{\phi}\sin\theta\sin\phi)$$

$$+ (\dot{r}\dot{\theta}\cos\theta\cos\phi + r\ddot{\theta}\cos\theta\cos\phi - r\dot{\theta}^2\sin\theta\cos\phi - r\dot{\theta}\dot{\phi}\cos\theta\sin\phi)$$

$$+ (-\dot{r}\dot{\phi}\sin\theta\sin\phi - r\ddot{\phi}\sin\theta\sin\phi - r\dot{\phi}\dot{\theta}\cos\theta\sin\phi - r\dot{\phi}^2\sin\theta\cos\phi)$$

$$a_y = (\ddot{r}\sin\theta\sin\phi + \dot{r}\dot{\theta}\cos\theta\sin\phi + \dot{r}\dot{\phi}\sin\theta\cos\phi)$$

$$+ (\dot{r}\dot{\theta}\cos\theta\sin\phi + r\ddot{\theta}\cos\theta\sin\phi - r\dot{\theta}^2\sin\theta\sin\phi + r\dot{\theta}\dot{\phi}\cos\theta\cos\phi)$$

$$+ (\dot{r}\dot{\phi}\sin\theta\cos\phi + r\ddot{\phi}\sin\theta\cos\phi + r\dot{\phi}\dot{\theta}\cos\theta\cos\phi - r\dot{\phi}^2\sin\theta\sin\phi)$$

$$a_z = \ddot{r}\cos\theta - \dot{r}\dot{\theta}\sin\theta - \dot{r}\dot{\theta}\sin\theta - r\ddot{\theta}\sin\theta - r\dot{\theta}^2\cos\theta$$

より，加速度は

$$a_x = (\ddot{r}\sin\theta\cos\phi + r\ddot{\theta}\cos\theta\cos\phi$$
$$- r\ddot{\phi}\sin\theta\sin\phi - r\dot{\theta}^2\sin\theta\cos\phi$$
$$- r\dot{\phi}^2\sin\theta\cos\phi + 2\dot{r}\dot{\theta}\cos\theta\cos\phi$$
$$- 2\dot{r}\dot{\phi}\sin\theta\sin\phi - 2r\dot{\theta}\dot{\phi}\cos\theta\sin\phi$$

$$a_y = (\ddot{r}\sin\theta\sin\phi + r\ddot{\theta}\cos\theta\sin\phi$$
$$+ r\ddot{\phi}\sin\theta\cos\phi - r\dot{\theta}^2\sin\theta\sin\phi$$
$$- r\dot{\phi}^2\sin\theta\sin\phi + 2\dot{r}\dot{\theta}\cos\theta\sin\phi$$
$$+ 2\dot{r}\dot{\phi}\sin\theta\cos\phi + 2r\dot{\theta}\dot{\phi}\cos\theta\cos\phi$$

$$a_z = \ddot{r}\cos\theta - r\ddot{\theta}\sin\theta$$
$$- r\dot{\theta}^2\cos\theta - 2\dot{r}\dot{\theta}\sin\theta$$

1.2

[1]

$$|\vec{a}| = \sqrt{x_1{}^2 + y_1{}^2 + z_1{}^2}$$

かつ

$$|\vec{b}| = \sqrt{x_2{}^2 + y_2{}^2 + z_2{}^2}$$

かつ

$$|\vec{a} - \vec{b}| = \sqrt{(x_1 - x_2)^2 + (y_1 - y_2)^2 + (z_1 - z_2)^2}$$

である．また，$\vec{a}$ かつ $\vec{b}$ がゼロベクトルでないとき，$\cos\theta$ は，2 つのベクトルとその 2 つのベクトルの差から，余弦定理を用いて求められ，

$$\cos\theta = \frac{|\vec{a}|^2 + |\vec{b}|^2 - |\vec{a} - \vec{b}|^2}{2|\vec{a}||\vec{b}|}$$

となる．以上より，

$$|\vec{a}||\vec{b}|\cos\theta = \frac{1}{2}\left\{|\vec{a}|^2 + |\vec{b}|^2 - |\vec{a}-\vec{b}|^2\right\}$$

$$= x_1 x_2 + y_1 y_2 + z_1 z_2$$

となる ($\vec{a}$ または $\vec{b}$ がゼロベクトルでも成立)．

[2] 求める外積ベクトルの成分を $\vec{a} \times \vec{b} = (c, d, e)$ とおく．未知変数が 3 つあるので，3 条件を用いる．すなわち，外積 $\vec{a} \times \vec{b}$ が $\vec{a}$ と $\vec{b}$ に垂直という事と，$\vec{a} \times \vec{b}$ の大きさが $\vec{a}$ と $\vec{b}$ で張られる平行四辺形の面積と一致する事である．以上より次の方程式を得る．

$$cx_1 + dy_1 + ez_1 = 0$$

$$cx_2 + dy_2 + ez_2 = 0$$

$$c^2 + d^2 + e^2 = |\vec{a}|^2|\vec{b}|^2 - (\vec{a}\cdot\vec{b})^2$$

これらを解き，向き (符号) に注意すれば，題意の式を得る．

[3] まず内積について．

$$\vec{a}\cdot\vec{b} = x_1 x_2 + y_1 y_2 + z_1 z_2$$

$$\vec{b}\cdot\vec{a} = x_2 x_1 + y_2 y_1 + z_2 z_1$$

であるから，内積に関しては交換法則が成り立つことがわかる．

次に外積について．

$$\vec{a}\times\vec{b} = (y_1 z_2 - y_2 z_1, x_2 z_1 - x_1 z_2, x_1 y_2 - x_2 y_1)$$

$$\vec{b}\times\vec{a} = -(y_1 z_2 - y_2 z_1, x_2 z_1 - x_1 z_2, x_1 y_2 - x_2 y_1)$$

であるから，外積に関しては交換法則が成り立たないことがわかる．

[4] 代入して確かめればよい．

[5] 代入して確かめればよい．

[6] $|\vec{a}| = a$, $|\vec{b}| = b$ とすれば，$|\vec{a}-\vec{b}| = c$ となる．

$$|\vec{a}-\vec{b}|^2 = |\vec{a}|^2 + |\vec{b}|^2 - 2\vec{a}\cdot\vec{b}$$

$$c^2 = a^2 + b^2 - 2ab\cos\theta$$

したがって，題意が成り立つ．

1.3

[1]

(a)

$$x = 0$$

$$y = v_0 t$$

(b)

$$x' = -vt$$

$$y' = v_0 t$$

2 式よりパラメータ t を消去して図示すればよい.

(c) 等加速度を a とおくと,

$$x'' = -\frac{1}{2}at^2$$

$$y'' = v_0 t$$

2 式よりパラメータ t を消去して図示すればよい. 慣性系は S′ である.

[2] コリオリ力を考える. 仮に反時計回りに回転している円盤だとすると, 物体は時計回りの方向に軌道がずれて進行する (円を描くわけではなく, 時計回りの方向に軌道が曲がる).

[3] r 方向の単位ベクトルを $\vec{e}_r$, x 方向の単位ベクトルを $\vec{e}_x$, y 方向の単位ベクトルを $\vec{e}_y$ とすれば, 次式が成立

$$r\vec{e}_r = x\vec{e}_x + y\vec{e}_y$$

これを $\vec{e}_r$ について解けば,

$$\vec{e}_r = \cos\theta\,\vec{e}_x + \sin\theta\,\vec{e}_y$$

を得る.

また, $\vec{e}_\theta$ は, $\mathrm{d}\vec{e}_r/\mathrm{d}t$ の方向の単位ベクトルゆえ,

$$\vec{e}_\theta = (\mathrm{d}\vec{e}_r/\mathrm{d}t)/|\mathrm{d}\vec{e}_r/\mathrm{d}t| = -\sin\theta\,\vec{e}_x + \cos\theta\,\vec{e}_y$$

— 第 2 章 —

2.1

[1] 式 (2.1) と同様にして, 次のように関数をべきで表示する.

$$f(x) = a_0 + a_1(x - \alpha) + a_2(x - \alpha)^2 + \cdots = \sum_{k=0}^{n} a_k x^k$$

$x = \alpha$ を代入すれば, $a_0 = f(\alpha)$ を得る. 一回微分して, $x = \alpha$ を代入すれば $a_1 = \frac{1}{1!}f^{(1)}(\alpha)$ を得る. 同様にすれば一般に, $a_k = \frac{1}{k!}f^{(k)}(\alpha)$ となる. したがって,

$$f(x) = f(\alpha) + f^{(1)}(x - \alpha) + \frac{1}{2}f^{(2)}(x - \alpha)^2 + \cdots = \sum_{k=0}^{n} \frac{1}{k!}f^{(k)}(x - \alpha)^k$$

式 (2.6) を得る.

[2] まず，$f(x) = \sin(x)$ について考える．$\sin(x)$ の $x = 0$ における導関数を具体的に書き下すと，$f^{(0)}(0) = 0$，$f^{(1)}(0) = 1$，$f^{(2)}(0) = 0$，$f^{(3)}(0) = -1$，$\cdots$ となる．したがって，階数 $n = 2k$ の偶数階導関数は 0 となる．また，階数 $n = 2k - 1$ の奇数階導関数は $\dfrac{1}{(2k-1)!}(-1)^{k+1}$ となる．ゆえに $x = 0$ 周りでの展開式は，

$$\sin(x) = x - \frac{x^3}{3!} + \frac{x^5}{5!} - \frac{x^7}{7!} + \cdots$$

$g(x) = \cos(x)$ についても同様にして偶奇で場合分けすればよい．$\sin$ の場合と反対で偶数階導関数が残り，奇数階導関数が 0 となり消える．したがって，$x = 0$ 周りでの展開式は

$$\cos(x) = 1 - \frac{x^2}{2!} + \frac{x^4}{4!} - \frac{x^6}{6!} + \cdots$$

を得る．

[3] $x = 10° = \pi/18$ のときの $\sin(x)$ を一次近似する．

$$\sin(\pi/18) = \pi/18 \simeq 0.175$$

3 次までの精度で計算すると，

$$\sin(\pi/18) = \pi/18 - (\pi/18)^3/6 \simeq 0.174$$

厳密値を電卓で計算すれば，

$$\sin(\pi/18) \simeq 0.174$$

を得る．

[4] $f(x) = e^{ix}$ とおけばと導関数は，

$$f^{(n)}(x) = (ix)^n e^{ix}$$

となる．したがって，$x = 0$ 周りでの展開式は (虚数が残るのは奇数階導関数だけになることに注意して)

$$e^{ix} = (1 - x^2/2! + x^4/4! \cdots) + i(x - x^3/3! + x^5/5! \cdots)$$

より得る．

[5] $f(x) = \log(x)$ とおく，導関数を順次求めると $f^{(1)}(x) = 1/x$，$f^{(2)}(x) = -1/x^2$，$f^{(3)}(x) = 2/x^3$，$f^{(4)}(x) = -6/x^4$，$f^{(5)}(x) = 24/x^5$ となる．よって題意より $x = 1$ 周りにおける展開式は，

$$\log(x) = f(1) + f^{(1)}(1)(x - 1)^1 + f^{(2)}(1)(x - 1)^2/2!$$
$$+ f^{(3)}(1)(x - 1)^3/3! + f^{(4)}(1)(x - 1)^4/4! + f^{(5)}(1)(x - 1)^5/5! + \cdots$$
$$= (x - 1) - \frac{1}{2}(x - 1)^2 + \frac{1}{3}(x - 1)^3 - \frac{1}{4}(x - 1)^4 + \frac{1}{5}(x - 1)^5 - \cdots$$

[6] $f(x) = e^{x^2}$ とおく, 導関数を順次求めると $f^{(1)}(x) = 2xe^{x^2}$, $f^{(2)}(x) = (4x^2+2)e^{x^2}$, $f^{(3)}(x) = (8x^3+12x)e^{x^2}$, $f^{(4)}(x) = (16x^4+48x^2+12)e^{x^2}$, $f^{(5)}(x) = (32x^5 + 160x^3 + 120x)e^{x^2}$ となる. よって題意より $x = 1$ 周りにおける展開式は,

$$e^{x^2} = f(1) + f^{(1)}(1)(x-1)^1 + f^{(2)}(1)(x-1)^2/2!$$
$$+ f^{(3)}(1)(x-1)^3/3! + f^{(4)}(1)(x-1)^4/4!$$
$$+ f^{(5)}(1)(x-1)^5/5! + \cdots$$
$$= e + 2e(x-1) + \frac{6e(x-1)^2}{2}$$
$$+ \frac{20e(x-1)^3}{6} + \frac{76e(x-1)^4}{24}$$
$$+ \frac{312e(x-1)^5}{120} + \cdots$$

となる.

― 第 3 章 ―

3.1

[1] 式 (3.7) において, $f(t) = at$ とすれば,

$$\frac{\mathrm{d}x}{\mathrm{d}t} + at = 0$$

である. 両辺 t で積分すれば,

$$x + at^2/2 = C$$

C は積分定数. ここで, 初期条件として $t = 0$ のとき $x = 0$ を用いると, $C = 0$. よって,

$$x = -at^2/2$$

[2]

$$\frac{\mathrm{d}^2x}{\mathrm{d}t^2} + bt^2 = 0$$

を解く. まず両辺を t で積分すれば,

$$\frac{\mathrm{d}x}{\mathrm{d}t} + bt^3/3 + C_1 = 0$$

ただし, C_1 は積分定数. 同様にもう一度積分すれば,

$$x + bt^4/12 + C_1t + C_2 = 0$$

ただし, C_2 は積分定数. 初期条件として $t = 0$ で $\ddot{x} = 1$, $x = 0$ が与えられている. これらを代入し整理すると $C_1 = -1$, $C_2 = 0$ を得る. した

がって，

$$x(t) = t - \frac{b}{12}t^4$$

[3] 2回微分方程式の根が式 (3.17) で表せ，

$$q_1 = -a + \sqrt{a^2 - b}$$

$$q_2 = -a - \sqrt{a^2 - b}$$

となっている．$a > 0$, $b > 0$, $a^2 - b > 0$ であるから，明らかに $q_2 < 0$ である．次に，$a > \sqrt{a^2 - b}$ ゆえ，$q_1 < 0$ もわかる．

[4] 式 (3.18) に

$$q_1 = -a + \sqrt{-a^2 + b}i$$

$$q_2 = -a - \sqrt{-a^2 + b}i$$

を代入すると，

$$x = C_1 \exp(-at + \sqrt{-a^2 + b}it) + C_2 \exp(-at - \sqrt{-a^2 + b}it)$$

$$= C_1 \exp(-at) \exp(\sqrt{-a^2 + b}it) + C_2 \exp(-at) \exp(-\sqrt{-a^2 + b}it)$$

$$= C_1 \exp(-at)(\cos(\sqrt{-a^2 + b}t) + i\sin(\sqrt{-a^2 + b}t))$$

$$+ C_2 \exp(-at)(\cos(\sqrt{-a^2 + b}t) - i\sin(\sqrt{-a^2 + b}t))$$

$$= \exp(-at)\left((C_1 + C_2)(\cos(\sqrt{-a^2 + b}t) + i(C_1 - C_2)\sin(\sqrt{-a^2 + b}t))\right)$$

を得る．

[5] いま，

$$x = C_3 \exp(-at) + C_4 t \exp(-at)$$

となることを利用する．

$$\frac{\mathrm{d}^2 x}{\mathrm{d}t^2} = a^2 C_3 \exp(-at) - 2aC_4 \exp(-at) + a^2 C_4 t \exp(-at)$$

$$2a\frac{\mathrm{d}x}{\mathrm{d}t} = -2a^2 C_3 \exp(-at) + 2aC_4 \exp(-at) - 2a^2 t \exp(-at)$$

$$bx = a^2 C_3 \exp(-at) + a^2 C_4 t \exp(-at)$$

なので，

$$\frac{\mathrm{d}^2 x}{\mathrm{d}t^2} + 2a\frac{\mathrm{d}x}{\mathrm{d}t} + bx = 0$$

となるので確かに解となっている．

3.2

[1] 水平方向には加速度はなく，垂直下向きには重力のみが働く．したがって，次のような式を得る．

$$\begin{cases} x = v_o t \\ y = \dfrac{1}{2} g t^2 \end{cases}$$

[2] 微小時間 Δt を考え，この時間のうちに質点と中心を結ぶ線分が掃く面積を考える (図 K.1)．いま，等速円運動なのでその角速度 ω は $\omega = v/r$ となる．したがって，Δt のうちに線分が回転する角度 $\Delta \theta$ は $\Delta \theta = \Delta t \omega = \Delta t (v/r)$ となる (図 K.1 での ∠AOB)．いま，線分が掃いた面積 (図 K.1 での扇形 AOB) は，角度が $\Delta \theta$ の微小扇形となる．この微小扇形の弧の長さ l (図 K.1 での弧 AOB) は微小なので，三角形の高さ (図 K.1 での線分 AC) と近似でき (極限を考えてみよう)，$l = r \sin \Delta \theta \simeq r \Delta \theta = r \Delta t (v/r)$ となる．弧の面積 S は弧長と半径から求まり，最終的に次式のようになる．

$$S = \frac{1}{2} r l = \frac{1}{2} r \Delta t v$$

したがって，単位時間あたりに線分の掃く面積は $S/\Delta t = \dfrac{1}{2} r v$ となり，確かに一定となる．

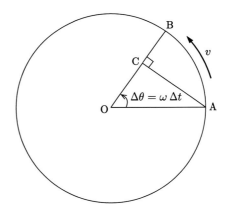

図 K.1 質点と中心を結ぶ線分が掃く面積の説明図

— 第 4 章 —

4.1

[1] いま，鉛直上向きを y 軸正方向に取り，原点を投げた地点に取る．すると，運動方程式は次のようになる (物体の質量を m，重力加速度を g と

する).

$$m\ddot{y} = -mg$$

この微分方程式を $\dot{y}_{t=0} = 20\,[\text{m/s}]$, $y_{t=0} = 0\,[\text{m}]$ という初期条件のもと解けば,

$$y = -\frac{1}{2}gt^2 + 20t$$

$$= -\frac{1}{2}g\left(t - \frac{20}{g}\right)^2 + \frac{20^2}{2g}$$

より求める最高到達地点は, 約 $20\,[\text{m}]$

[2] 本書の 4.2 節を参照すると, 球状物体が受ける抗力 f は $f_v = \gamma_v Dv$ と $f_t = \gamma_t D^2 v^2$ (D は球の直径, v は速さ, γ_v と γ_t は空気の物性により決まる定数であり, 教科書同様それぞれ $1.6 \times 10^{-4}\,[\text{N}\cdot\text{s}\cdot\text{m}^{-2}]$, $0.25\,[\text{N}\cdot\text{s}^2\cdot\text{m}^{-4}]$) の和で記述される. 両者が同一となるときの v を求めればよいので, 次の方程式を解けばよい.

$$f_v = f_t$$

つまり,

$$\gamma_v Dv = \gamma_t D^2 v^2$$

であり, これを v について解けば,

$$v = \gamma_v/(\gamma_t D)$$

を得る.

　野球ボールは $D = 0.07\,[\text{m}]$, 雨粒は $D = 1\,[\text{mm}]$ であるからそれぞれ速さは, $9.1 \times 10^{-3}\,[\text{m/s}]$, $6.4 \times 10^{-1}\,[\text{m/s}]$ となる.

[3] 式 (4.24) に各物性値を代入すると,

$$v_\infty = \frac{\rho \pi D^2 g}{6\gamma_v}$$

$$= \frac{8.4 \times 10^2\,[\text{kg/m}^3] \times 3.14 \times 1.5 \times 10^{-6}\,[\text{m}] \times 1.5 \times 10^{-6}\,[\text{m}] \times 9.8\,[\text{m/s}^2]}{6 \times 1.6 \times 10^{-4}\,[\text{kg}\cdot\text{m}^{-1}\text{s}^{-1}]}$$

$$= 6.1 \times 10^{-5}\,[\text{m/s}]$$

となり示された.

[4] まず, 式 (4.28) を導く. 式 (4.25) で $v = \dot{x}$ として整理すると, 式 (4.26)

$$\dot{v} = g - \frac{\gamma_t D^2}{m}v^2$$

を得る. 終端速度 v_∞ を式 (4.27) より用いると,

$$\frac{\gamma_t D^2}{m} = g/v_\infty^2$$

となるから式 (4.26) は,

$$\dot{v} = g\left[1 - (\frac{v}{v_\infty})^2\right]$$

となり, 式 (4.28) が導かれた. これは変数分離の形をした微分方程式であるから, 式 (4.29) に直ちに変形できる.

続いて, 式 (4.30) を導く. 式 (4.29) を両辺積分して, 次式を得る.

$$\frac{1}{2}\int\left(\frac{1}{1 - v/v_\infty} + \frac{1}{1 + v/v_\infty}\right)\mathrm{d}v = \int g\,\mathrm{d}t$$

これは次のように変形できる.

$$\frac{v_\infty}{2}\log\left|\frac{1 + v/v_\infty}{1 - v/v_\infty}\right| = gt + C$$

ただし, C は積分定数. $t = 0$ で $v = 0$ であるから, $C = 0$ である. 変形して,

$$\frac{v}{v_\infty} = \frac{-1 + \exp(2gt/v_\infty)}{1 + \exp(2gt/v_\infty)}$$

$$= \frac{-\exp(-gt/v_\infty) + \exp(gt/v_\infty)}{\exp(-gt/v_\infty) + \exp(gt/v_\infty)}$$

$$= \tanh(gt/v_\infty)$$

これで式 (4.30) が導かれた. またグラフは図 K.2 のようになる. ただし, $y = gt/v_\infty$ とおいた.

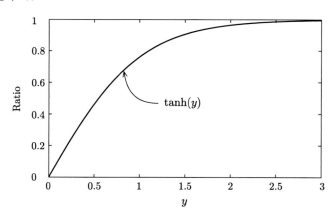

図 K.2 グラフの図示

4.2

[1] 移動距離 $x(t)$ は式 (4.36) より,

$$x(t) = \frac{mv_0}{b}(1 - \exp(-bt/m))$$

上式で $\tau = m/b$ とおくと,

$$x(t) = \frac{mv_0}{b}(1 - \exp(-bt/m))$$

$$= \tau v_0(1 - \exp(-t/\tau))$$

τ が時間の次元を持つことの確認であるが, これは $\exp(x)$ を $x = 0$ 周りでテイラー展開するとわかりやすい.

$$\exp(x) = 1 + x/1! + x^2/2! + x^3/3! + \cdots$$

であるから, x は無次元でなければならない (もし x が次元を持つと, 次元が異なるものの和で exp を表現することになり不合理). いま考慮しているのは $\exp(-t/\tau)$ であるから, τ も時間 t と同じ次元となることがわかる (もちろん直接次元解析から τ の次元を求めても構わない).

[2] 鉛直上向きを正として, y 軸を取る. このとき, 運動方程式は

$$m\ddot{y} = -mg - b\dot{y}$$

$v_y = \dot{y}$ と変数変換すると,

$$\dot{v_y} = -g - (b/m)v_y$$

変数分離の形をしているので, 次のように解く,

$$\frac{\mathrm{d}v_y}{v_y + g/(b/m)} = -(b/m)\,\mathrm{d}t$$

$$\ln(v_y + g/(b/m)) = -(b/m)t + C_1$$

$$v_y = -\frac{mg}{b} + C_2\exp(-(b/m)t)$$

ただし, C_1, $C_2 = e^{C_1}$ は積分定数. 初期条件から, $C_2 = v_0\sin\theta + mg/b$ となる. もう一度積分すれば,

$$y(t) = -(mg/b)t + (v_0\sin\theta + (mg/b))\exp(-(bt/m)) \times (-m/b) + C_3$$

C_3 は積分定数であり, 初期条件より $C_3 = (mg/b)\{v_0\sin\theta + (mg/b)\}$ こ

こで, $v_{y,\infty} = mg/b$, $\tau = m/b$ とおき, さらに初期速度を $v_{y,0} = v_0\sin\theta$ とおけば,

$$y(t) = -v_{y,\infty}t + \tau(v_{y,0} + v_{y,\infty})\{1 - \exp(-t/\tau)\}$$

を得る.

[3] 式 (4.44) より

$$1 - \frac{x}{\tau v_{x,0}} = \exp(-t/\tau)$$

であるから，これを t について解くと，

$$t = -\tau \ln\left(1 - \frac{x}{\tau v_{x,0}}\right)$$

これを $y(t)$ の上述式に代入すると

$$y = \frac{v_{y,0} + v_{y,\infty}}{v_{x,0}} x + v_{y,\infty} \tau \ln\left(1 - \frac{x}{v_{x,0}\tau}\right)$$

を得る．さて，x の最大距離であるが，これは $\ln$ の真数条件から求まり，$1 - \frac{x}{v_{x,0}\tau} > 0$ つまり，$x < v_{x,0}\tau$ から，$v_{x,0}\tau$ となる．y の最大値は $\mathrm{d}y/\mathrm{d}x = 0$ を満たす．このときの x の位置は，

$$x = \tau v_{x,0} \frac{v_{y,0}}{v_{y,0} + v_{y,\infty}}$$

となる．これを $y(t)$ の式に代入すれば，最大高さ y_{max} が

$$y_{max} = \tau\left\{v_{y,0} + v_{y,\infty} \ln\left(\frac{v_{y,\infty}}{v_{y,0} + v_{y,\infty}}\right)\right\}$$

を得る．

4.3

[1] 座標系は本書の図 4.10 と同様にとる．基本的に，$x = \ell\cos\psi$, $y = \ell\sin\psi$ を積の微分法に従って演算するのみである（ただし，ℓ は時間変化しない）．まず，

$$\begin{cases} \dot{x} = -\ell\sin\psi \cdot \dot{\psi} \\ \dot{y} = \ell\cos\psi \cdot \dot{\psi} \end{cases}$$

を得る．ここからさらにもう一度時間で微分すると，

$$\begin{cases} \ddot{x} = -\ell\cos\psi \cdot \dot{\psi}^2 - \ell\sin \cdot \ddot{\psi} \\ \ddot{y} = -\ell\sin\psi \cdot \dot{\psi}^2 + \ell\cos\psi \cdot \ddot{\psi} \end{cases}$$

より式 (4.66) が導かれた．

[2] 運動方程式は，張力 T として

$$\begin{cases} m\ddot{x} = mg - T\cos\psi \\ m\ddot{y} = -T\sin\psi \end{cases}$$

これらの式から，張力 T を消去すると

$$m(\ddot{x}\sin\psi - \ddot{y}\cos\psi) = mg\sin\psi$$

となる．これに式 (4.66) を代入すると，

$$-\ell(\sin^2\psi + \cos^2\psi)\ddot{\psi} = g\sin\psi$$

整理して，

$$\ddot{\psi} = -(g/\ell)\sin\psi$$

よって，式 (4.68) を導けた．

4.4

[1] いま，Δs が十分微小量と考えれば，まず $\Delta s = R\Delta\psi$ である．また，図 4.11(b) から $\Delta\psi = |\Delta\vec{m}|/|\vec{m}| = |\Delta\vec{m}|$ なので，

$$|\Delta\vec{m}|/\Delta s = \Delta\psi/(R\Delta\psi) = 1/R$$

また，$\mathrm{d}\vec{m}/\mathrm{d}s$ の方向は，明らかに $\vec{n}$ と同じ方向ゆえ，上式と組み合わせて

$$\mathrm{d}\vec{m}/\mathrm{d}s = \vec{n}/R$$

となり，式 (4.75) を得る．

[2] 式 (4.72) を参照すると，

$$\vec{a} = \ddot{s}\vec{m} + \dot{s}\dot{\vec{m}}$$

である．式 (4.76) を用いて，式 (4.72) に代入すると，

$$\vec{a} = \ddot{s}\vec{m} + \frac{\dot{s}^2}{R}\vec{n} = \vec{a}_m + \vec{a}_n$$

となり，式 (4.77) が導かれる．

[3] 式 (4.77) より，$|\vec{a}_m| = \ddot{s}|\vec{m}| = \ddot{s}$ かつ $|\vec{a}_n| = \dfrac{\dot{s}^2}{R}|\vec{n}| = \dfrac{\dot{s}^2}{R}$ である．等速円運動であるからその速度を v とすれば，$\dot{s} = v$ であることを用いて，

$$|\vec{a}_m| = \dot{v} = 0 \quad , \quad |\vec{a}_n| = \frac{v^2}{R}$$

となり (v は等速ゆえ時間変化しない)，式 (4.78) が導かれる．

4.5

[1] 半径 R の等速円運動をしているので，加速度は $\vec{a}_n$ のみ．y 軸方向に運動を射影するので，射影加速度を a_y とおけば，

$$y = R\sin\theta \quad , \quad a_y = -|\vec{a}_n|\sin\theta = -\frac{v^2}{R}\sin\theta$$

ここで，$\sin\theta$ を消去して，$\omega^2 = \dfrac{v^2}{R^2}$ とおけば，$a_y = \ddot{y}$ と合わせて運動方程式

$$m\ddot{y} = -m\omega^2 y$$

を得る．

[2] 式 (4.91) から,

$$
\begin{cases}
\dot{u} = \omega v \\
\dot{v} = -\omega u
\end{cases}
$$

である. $\dot{u}$ の式を時間微分し, $\dot{v}$ の式と組み合わせると,

$$\ddot{u} = -\omega^2 u$$

を得る. 3.2.3 節と同様の解き方で解く. したがって, 解の形を $\exp(qt)$ と仮定. 上式に代入すると,

$$q^2 + \omega^2 = 0$$

したがって, $q = \pm i\omega$ となる (i は虚数単位). ゆえに, C_1 と C_2 を任意定数として, 次の解を得る.

$$u(t) = (C_1 + C_2)\cos(\omega t) + i(C_2 - C_1)\sin(\omega t)$$

─ 第 5 章 ─

5.1

[1] 前提条件として, 3 粒子系全体で外力が働かない状況を考える. 粒子 i が粒子 j から受ける力を $\vec{F}_{ij}$ と表記する. また, 粒子 i に働く外力を $\vec{F}_i^*$ とする. このとき各粒子の運動方程式は (粒子 i の運動量は $\vec{P}_i$ とする)

$$\dot{\vec{P}}_1 = \vec{F}_{12} + \vec{F}_{13} + \vec{F}_1^*$$

$$\dot{\vec{P}}_2 = \vec{F}_{21} + \vec{F}_{23} + \vec{F}_2^*$$

$$\dot{\vec{P}}_3 = \vec{F}_{31} + \vec{F}_{32} + \vec{F}_3^*$$

辺々足し合わせて,

$$\frac{\mathrm{d}}{\mathrm{d}t}(\vec{P}_1 + \vec{P}_2 + \vec{P}_3) = 0$$

を得る (ただし, 作用反作用の法則および全体として外力が働かない事を用いた). ゆえに運動量保存則が導かれた. これで確かに運動量保存則と作用反作用の法則が等価であることがわかった.

[2] 運動量変化と力積の関係から, 求める外力の平均値を $\bar{F}$ とすれば

$$\bar{F}\,[\mathrm{N}] \times 0.10\,[\mathrm{s}] = 1000\,[\mathrm{Kg}] \times (72 \times 1000/3600\,[\mathrm{m/s}] + 3\,[\mathrm{m/s}])$$

が成り立つ. したがって,

$$\bar{F} = 2.3 \times 10^5\,[\mathrm{N}]$$

を得る.

[3] ロケットから燃料を進行方向反対に射出すれば，運動量保存則を考えるとロケットは進行方向に加速されるから．

5.2

[1] 保存力 $\vec{F}$ [N] は，$\vec{F}$ のする仕事が始点と終点を定めれば一意に定まる力の事．

[2] 摩擦力は始点と終点を定めても，その経路に依存して仕事が変化するから．

[3] 教科書と同様に y 軸正方向を鉛直上向き方向に取ると，質点 (質量 m) の運動方程式は次式のようになる．

$$m\ddot{y} = -mg$$

この式の両辺に $\dot{y}$ をかけると，

$$m\dot{y}\ddot{y} + mg\dot{y} = 0$$

である．したがって，次式を得る．

$$\frac{\mathrm{d}}{\mathrm{d}t}\left(\frac{1}{2}m\dot{y}^2 + mgy\right) = 0$$

これを両辺時間 t に関して積分すれば，積分定数を C として

$$\frac{1}{2}m\dot{y}^2 + mgy = C$$

したがって式 (5.36) を得る．

[4] 式 (5.57) は，

$$\frac{\mathrm{d}}{\mathrm{d}t}P(x,y,z) = \vec{r} \cdot \nabla P$$

であるからこれを式 (5.53) に代入して，

$$m\ddot{\vec{r}} \cdot \vec{r} + \frac{\mathrm{d}}{\mathrm{d}t}P(x,y,z) = \vec{F'} \vec{r}$$

$$\frac{\mathrm{d}}{\mathrm{d}t}\left[\frac{1}{2}m\dot{\vec{r}}^2 + P(x,y,z)\right] = \vec{F'} \cdot \vec{r}$$

したがって，式 (5.58) を導けた．

5.3

[1] $\vec{r} = (r_1, r_2, r_3)$，$\vec{p} = (p_1, p_2, p_3)$ として式 (1.26) より，

$$\vec{r} \times \vec{p} = (r_2 p_3 - r_3 p_2, r_1 p_3 - r_3 p_1, r_1 p_2 - r_2 p_1) \tag{1}$$

$$\dot{\vec{r}} \times \vec{p} = (\dot{r}_2 p_3 - \dot{r}_3 p_2, \dot{r}_1 p_3 - \dot{r}_3 p_1, \dot{r}_1 p_2 - \dot{r}_2 p_1) \tag{2}$$

$$\vec{r} \times \dot{\vec{p}} = (r_2 \dot{p}_3 - r_3 \dot{p}_2, r_1 \dot{p}_3 - r_3 \dot{p}_1, r_1 \dot{p}_2 - r_2 \dot{p}_1) \tag{3}$$

$\dfrac{\mathrm{d}}{\mathrm{d}t}(\vec{r} \times \vec{p})$ を計算するためには，(1) の各成分を t で微分すればよい．x 成分は

$$\dot{r}_2 p_3 + r_2 \dot{p}_3 - \dot{r}_3 p_2 - r_3 \dot{p}_2 \tag{4}$$

となる．(2)+(3) の x 成分を計算すると，

$$\dot{r}_2 p_3 + r_2 \dot{p}_3 - \dot{r}_3 p_2 - r_3 \dot{p}_2 \tag{5}$$

となり (4) 式と同一となる．y 成分，z 成分についても同様に確認できるので，式 (5.65) が成り立つ．

[2]
$$L = mrv = mr^2 \omega$$

両辺を時間 t で微分すると，r は一定として，

$$\frac{\mathrm{d}L}{\mathrm{d}t} = mr^2 \frac{\mathrm{d}\omega}{\mathrm{d}t}$$

等速円運動をすることにより $\mathrm{d}\omega/\mathrm{d}t = 0$ となり $\dot{L} = 0$ となる．よって，角運動量の時間的変化がゼロであり，角運動量が保存される．

[3] 摩擦などを考えず，角運動量が保存されるとすると，ブランコをこぐ人の重心までの距離を r とすると，

$$L = mrv = 一定$$

となる．

　最低点付近で立ち上がることによって，r を小さくして，v が大きくなるようにする．最高点付近でかがむことは，立ち上がったときとの r の差が大きくなるからである．

—— 第 6 章 ——

6.1
[1] 式 (6.3) を式 (6.4) に代入すると，

$$\begin{aligned}
x(t) &= C_1 \exp(-\beta t + \sqrt{\beta^2 - \omega_0{}^2}\,t) + C_2 \exp(-\beta t - \sqrt{\beta^2 - \omega_0{}^2}\,t) \\
&= C_1 \exp(-\beta t)\exp(\sqrt{\beta^2 - \omega_0{}^2}\,t) + C_2 \exp(-\beta t)\exp(-\sqrt{\beta^2 - \omega_0{}^2}\,t) \\
&= \exp(-\beta t)\left(C_1 \exp(\sqrt{\beta^2 - \omega_0{}^2}\,t) + C_2 \exp(-\sqrt{\beta^2 - \omega_0{}^2}\,t)\right)
\end{aligned}$$

より，確かに導かれた．

[2]

(1) 抵抗力がない場合 $(b = 0)$
　　この時 $\exp$ の中身が負となり，単振動と同様の運動を行う．

(2) 抵抗力が弱い場合 $(\beta < \omega_0)$

単振動と同様の運動をするが，その振幅が時間と共に減衰する運動を行う．

(3) 抵抗力が強い場合 $(\beta > \omega_0)$ (過減衰)

単振動とは無関係な運動を行い減衰する．原点で初速を与えられた質点は最高到達地点まで運動したのち，原点に向かう $(t \to \infty)$．最高変位に達した後の減衰の早さはパラメータ $\beta - \sqrt{\beta^2 - \omega_0{}^2}$ で表現できる．

(4) 臨界減衰

(3) と同様の運動を行う．ただしこの時，(3) と比べて最も早く運動を減衰させる (減衰支配パラメータが最大となる)．

6.2

[1] 外力の振動数が，外力が加わっていない場合の単振動の固有振動数に一致した場合生じる．共振している時，振動の振幅が非常に大きくなる現象 (数式上発散する)．

[2] 外力の振動数 ω_1 と単振動の固有振動数 ω_0 が一致しないようにする．

— 第 7 章 —

7.1

[1] 題意に沿って F_x を計算していく．

$$
\begin{aligned}
F_x &= -\frac{\partial U}{\partial x} \\
&= \frac{\partial}{\partial x} G \frac{mM}{\sqrt{(x-X)^2 + (y-Y)^2 + (z-Z)^2}} \\
&= -\frac{1}{2} G \frac{mM}{\sqrt{((x-X)^2 + (y-Y)^2 + (z-Z)^2)^3}} \times 2(x-X) \\
&= -\frac{GmM(x-X)}{\sqrt{((x-X)^2 + (y-Y)^2 + (z-Z)^2)^3}} \\
&= -\frac{GmM(x-X)}{|\vec{r} - \vec{R}|^3}
\end{aligned}
$$

より示された．

[2] 長さが dr, $r \sin\theta\, d\varphi$, $r\, d\theta$ であるような直方体を書いてください．

[3] 7.2 より，直方体として記述されるので，$dV = r\, d\theta \times r \sin\theta\, d\varphi \times dr = r^2 \sin\theta\, dr\, d\theta\, d\varphi$ となる．

[4] 代入して計算する．

$$
U = -Gm\rho \int_0^{2\pi} \int_0^{\pi} \int_0^a \frac{r^2 \sin\theta\, dr\, d\theta\, d\varphi}{\sqrt{R^2 + r^2 - 2Rr\cos\theta}}
$$

$$= -2\pi Gm\rho \int_0^\pi \int_0^a \frac{r^2 \sin\theta \, \mathrm{d}r \, \mathrm{d}\theta}{\sqrt{R^2 + r^2 - 2Rr\cos\theta}}$$

$$= -2\pi Gm\rho \int_1^{-1} \int_0^a \frac{r^2 \, \mathrm{d}r \, \mathrm{d}s}{\sqrt{R^2 + r^2 - 2Rrs}} \quad (s = \cos\theta)$$

$$= 2\pi Gm\rho \int_0^a \frac{r}{R} \left[(R^2 + r^2 - 2Rrs)^{\frac{1}{2}} \right]_{-1}^1 \, \mathrm{d}r$$

$$= \frac{2\pi Gm\rho}{R} \int_0^a -2r^2 \, \mathrm{d}r$$

$$= -\frac{4\pi Gm\rho a^3}{3R}$$

$$= -\frac{GMm}{R} \quad (M = 4\pi\rho a^3 / 3)$$

より示された.

[5] $(-a, 0)$ と $(a, 0)$ におかれた質量 m の C 点における万有引力の寄与は,打ち消しあうことからその y 成分のみ考えればよい. それぞれの y 成分の寄与分の和が求める大きさである. したがって, 大きさを F とすれば

$$F = G\frac{Mm}{(a^2 + b^2)} \times \frac{b}{\sqrt{(0 - (-a))^2 + b^2}}$$

$$+ G\frac{Mm}{(a^2 + b^2)} \times \frac{b}{\sqrt{(a - 0)^2 + b^2}}$$

$$= 2G\frac{Mmb}{(a^2 + b^2)^{3/2}}$$

7.2

[1] 楕円の方程式 $\dfrac{x^2}{a^2} + \dfrac{y^2}{b^2} = 1$ において, 楕円の焦点は $(\sqrt{a^2 - b^2}, 0)$ と $(-\sqrt{a^2 - b^2}, 0)$ となる. これから, 任意の楕円上の点を (x, y) とおくと,

$$\mathrm{PQ} + \mathrm{QR} = \sqrt{(x - \sqrt{a^2 - b^2})^2 + y^2} + \sqrt{(x + \sqrt{a^2 - b^2})^2 + y^2}$$

楕円の方程式から $y^2 = b^2\left(1 - \dfrac{x^2}{a^2}\right)$ に注意して展開すれば,

$$\mathrm{PQ} + \mathrm{QR} = \frac{1}{a}|\sqrt{a^2 - b^2}x - a^2| + \frac{1}{a}|\sqrt{a^2 - b^2}x + a^2|$$

$\sqrt{a^2 - b^2} < a$ かつ $x \leq a$ より $\sqrt{a^2 - b^2}x - a^2 < 0$ に注意して絶対値をはずすと, この値が $2a$ となることがわかる.

面積は楕円を 4 等分したものをまず求め, それを 4 倍すればよい. 4 等分の面積を S とすれば,

$$S = \int_0^a b\sqrt{1 - x^2/a^2} \, \mathrm{d}x$$

$$= b/a \int_0^a \sqrt{a^2 - x^2} \, \mathrm{d}x$$

$$= \frac{b}{a} \pi a^2 / 4$$

$$= \pi ab / 4$$

よって，楕円の面積は πab.

[2] いま衛星の質量を m，太陽の質量を M とする．運動方程式は

$$m \frac{v^2}{r} = \frac{GMm}{r^2}$$

したがって，

$$v = \sqrt{\frac{GM}{r}}$$

より題意が示される．

[3] 地球の軌道周期は 1 年であるから，求める比率を a とすると，

$$a^3 = (70/1)^2$$

より，$a = (70)^{2/3} \simeq 17$ 倍．

演習問題略解

— 第 1 章 —

1.1 速度，加速度のグラフを書く時の注意として，位置 x が極大値を取る位置が速度ゼロ $(v = 0)$ に対応していること，速度が極値を持つ位置が加速度ゼロ $(a = 0)$ に対応していること．

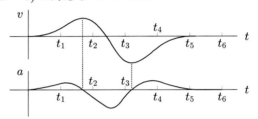

1.2

(a) 2 つのベクトルの外積は，その定義から，各々を平行移動した閉じた平行四辺形の面積に等しくなる．

(b) 上記の関係を数式で表し，三角形の辺と頂角の関係に直せば，正弦定理が導かれる．

1.3 ひもの張力を F とすると，ひもが円柱に接する微小部分に働く中心方向の力は $F\,\mathrm{d}\theta$ となる．円柱が受ける静止摩擦力による力の増分を $\mathrm{d}F$ とすると，$\mathrm{d}F = \mu(F\,\mathrm{d}\theta)$ となる．初期条件を $\theta = 0$ で $F = F_0$ とすると，微分方程式を解くことで，F を θ の関数として算出できる．微分方程式は変数分離型になるので，その解は $F(\theta) = F_0 e^{\mu\theta}$ となる．仮に静止摩擦係数を $\mu = 0.3$ とすると，1 回転巻きつけたひもを引くのには，F_0 の $e^{0.6\pi} \simeq 6.6$ 倍，2 回巻き付ければ，$6.6^2 \simeq 44$ 倍の力を必要とする．したがって，棒に 2, 3 回巻き付けられたひもは，一端を引っ張るだけでは簡単には外れない．

1.4 スケートボードは局面に沿って往復運動をする．この運動は，極座標を用いた運動方程式を解くことで決定できる．詳しくは，4.5 節で学ぶであろう．ψ が小さい場合には，スケートボードの運動は単振動として近似できる．

1.5 xy 平面内で楕円 $(x/b)^2 + (y/c)^2 = 1$ 軌道を描いて移動する．t を時間と考えれば，時間の経過とともに，粒子は反時計回りに移動し，そ

の際の周期は $2\pi/\omega$ となる.

── 第 2 章 ──

2.1　マクローリン展開の式を用いて,

$$f(x) = x - \frac{x^2}{2} + \frac{x^3}{3} - \cdots + (-1)^{n-1}\frac{x^n}{n} + \cdots, (-1 < x \le 1)$$

2.2　マクローリン展開の式 2.10 を用いて,

$$f(x) = 1 + \alpha x + \frac{\alpha(\alpha - 1)}{2!}x^2 + \cdots + \frac{\alpha(\alpha - 1)\dots(\alpha - n + 1)}{n!}x^n$$
$$+ \cdots, (-1 < x \le 1)$$

2.3　マクローリン展開の式 2.10 を用いる. 1 次の導関数を計算すると, $f^{(1)}(x) = 1/\cos^2(x) = 1 + \tan^2(x)$ となる. 2 次の導関数は $t = \tan(x)$ とおいて,

$$\frac{\mathrm{d}f^{(1)}}{\mathrm{d}t} = 2t = 2\tan(x) \quad, \quad \frac{\mathrm{d}t}{\mathrm{d}x} = \frac{1}{\cos^2(x)} = 1 + \tan^2(x)$$

となるので,

$$f^{(2)}(x) = \frac{\mathrm{d}f^{(1)}}{\mathrm{d}x} = \frac{\mathrm{d}f^{(1)}}{\mathrm{d}t}\frac{\mathrm{d}t}{\mathrm{d}x} = 2\tan(x) + 2\tan^3(x)$$

同様にして, 3 次から 5 次まで計算する.

$$f^{(3)}(x) = \frac{\mathrm{d}f^{(2)}}{\mathrm{d}x} = 2 + 8\tan^2(x) + 6\tan^4(x)$$

$$f^{(4)}(x) = \frac{\mathrm{d}f^{(3)}}{\mathrm{d}x} = 16\tan(x) + 40\tan^3(x) + 24\tan^5(x)$$

$$f^{(5)}(x) = \frac{\mathrm{d}f^{(4)}}{\mathrm{d}x} = 16 + 136\tan^2(x) + 240\tan^4(x) + 120\tan^6(x)$$

以上で求めた導関数に $x = 0$ を代入して, 式 2.10 に代入すると,

$$f(x) \simeq x + \frac{1}{3}x^3 + \frac{2}{15}x^5$$

となる. $x = 0.5$ を代入すると, $f(0.5) \simeq 0.55$ となる. また, $\tan(x)$, $\sin(x)$ ともに 3 次のマクローリン展開を用いると, $\tan(x) \simeq x + x^3/3$, $\sin(x) \simeq x - x^3/6$ となり, 与式に代入すると,

$$\lim_{x \to 0}\frac{\tan(x) - \sin(x)}{x^3} = \lim_{x \to 0}\frac{x^3/2}{x^3} = \frac{1}{2}$$

となる.

2.4　右辺を mc^2 でくくりだし, 演習問題 [2] において, $\alpha = 1/2$ とした場合のマクローリン展開を用いる.

——第 3 章——

3.1 x について逐次 2 回微分すると，$y' = 2C_1 + 2C_2 x$，$y'' = 2C_2$ となる．よって，$C_1 = (y' - y''x)/2$，$C_2 = 1/y''$ となる．与式に代入すると，

$$x^2 y'' - 2xy' + 2y = 0$$

が得られる．これは，2 階常微分方程式である．

3.2 原点を通り，x 軸上に中心をもつ円の方程式は，任意定数 c を用いて $x^2 + y^2 + cx = 0$ で与えられる．この円周上の点 (x, y) における接線の傾き a は，$y' (= dy/dx)$ で与えられるので，円の方程式を x で微分して，$2x + 2yy' + c = 0$ を得る．したがって，

$$a = y' = -\frac{2x + c}{2y}$$

が接線の勾配となる．いま，x 軸上に中心をもつ円と直交する曲線を $y = y(x)$ とすると，点 (x, y) における接線の勾配は，dy/dx となる．この曲線の接線と円の接線は直交するので，

$$a \frac{dy}{dx} = -1$$

という条件を満たす必要がある．上式に $a = -(2x + c)/2y$ を代入して，円の方程式から c を消去すると

$$(x^2 - y^2) \frac{dy}{dx} - 2xy = 0$$

が得られる．これが，求める曲線 $y = y(x)$ が満たす微分方程式である．この微分方程式は，同時形と呼ばれ容易に解くことができる．その解は，任意定数を C として，$x^2 + y^2 + Cy = 0$ となる．

3.3 カッコ内の式を x で微分することで，与式に代入することで確認してください．

3.4 変数分離形の微分方程式 $dy/dx = -(1 + y^2)/(1 + x^2)$ に変形できる．両辺を積分することで，

$$\int \frac{dy}{1 + y^2} = -\int \frac{dx}{1 + x^2} + c$$

となり，積分を実行すると $\tan^{-1}(y) = -\tan^{-1}(x) + c$ となる．$C = \tan(c)$ とおくと，$y = (C - x)/(1 + Cx)$ が導かれる．

3.5 $u = y/x$ と置いて，与式を変形すると，

$$\frac{du}{dx} = \frac{1 - u^2}{2u} \frac{1}{x}$$

となり，変数分離形になる．両辺を積分すると，

$$\int \frac{2u \, du}{1 - u^2} = \int \frac{dx}{x} + c$$

118 演習問題略解

となり，積分を実行すると，$-\log(1-u^2) = \log(x) + c$ となる．したがって，$1 - u^2 = C/x$ となる．ここで，c, C は積分定数である．$u = y/x$ を代入すると，$x^2 - y^2 = Cx$ が解となる．

— 第 4 章 —

4.1　2 つの抵抗力は，$v \simeq 1 \,[\mathrm{cm/s}]$ のときに，ほぼ等しくなる．$v \gg 1$ [cm/s] では線形抵抗は無視できる．

4.2　式 (4.23) において，初期条件 $t = 0$ のとき，$v_0 = 2v_\infty$ を代入して C_2 を定めればよい．定性的には，下図のように指数的に減衰して，終端速度 v_∞ に漸近する．

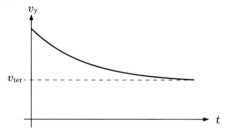

4.3　回転中心から質点までの距離を r とすると，運動方程式は，(水平方向) $mr\omega^2 = T\sin(\theta)$，(垂直方向) $0 = T\cos(\theta) - mg$ となる．$r = \ell\sin(\theta)$ を代入して，T を消去すると，周期は $2\pi/\omega = 2\pi\sqrt{\ell\cos(\theta)/g}$ となる．また，質点に固定された座標系でのつり合いは，遠心力 $mr\omega^2$ を考えれば，(水平方向) $mr\omega^2 - T\sin(\theta) = 0$，(垂直方向) $T\cos(\theta) - mg = 0$ となる．

4.4　物体の速度は，$v = \mathrm{d}x/\mathrm{d}t = 2at$ であるから，運動量は $p = mv = 2mat$ と求まる．物体に働く力 F は，質量 m と加速度 $\mathrm{d}^2x/\mathrm{d}t^2 = 2a$ の積であるから，$F = 2ma$ となる．

4.5　質点の運動方程式は，(接線方向) $m\,\mathrm{d}v/\mathrm{d}t = mg\sin(\theta)$，(法線方向) $m(v^2/R) = mg\cos(\theta) - N$ となる．ただし，重力を g，垂直抗力を N とする．接線方向の運動方程式に $v\,\mathrm{d}t = R\dot{\theta}\,\mathrm{d}t$ を乗じて，積分をする．初期条件 $(t = 0$ で $v = 0, \theta = 0)$ を代入すると，$mv^2/2 = mgR(1-\cos(\theta))$ が導かれる．法線方向の運動方程式から v^2 を消去する．質点が球面から離れるのは，抗力が $N = 0$ の時であり，その時の角度を θ_Q とすると，$\cos(\theta_Q) = 2/3$ となり，点 Q の位置は $(x_Q, y_Q) = (R\sin(\theta_Q), R\sin(\theta_Q)) = (\sqrt{5}a/3, 2a/3)$ となり，速度は $v_Q = \sqrt{gR\cos(\theta_Q)} = \sqrt{2gR/3}$ と求まる．

── 第 5 章 ──

5.1　力 $\vec{F} = (F_x, F, y, F_z)$ について，仕事 W との関係は

$$F_x = \frac{\partial W}{\partial x} \qquad F_y = \frac{\partial W}{\partial y} \qquad F_z = \frac{\partial W}{\partial z}$$

が成り立つ必要がある．つまり，力の各成分の間には，以下の関係が成り立つ．

$$\frac{\partial F_x}{\partial y} = \frac{\partial F_y}{\partial x} \qquad \frac{\partial F_y}{\partial z} = \frac{\partial F_z}{\partial y} \qquad \frac{\partial F_z}{\partial x} = \frac{\partial F_x}{\partial z}.$$

5.2　極座標表示をすると $\vec{F} = -(k/r^2)\vec{e_r}$ であり，$F_x = -kx/r^3$, $F_y = -ky/r^3$ となる．したがって，$\partial F_x/\partial y = \partial F_y/\partial x = 3kxy/r^5$ となるから，保存力である．原点からの距離 r に比例して働く力の場合には，$\vec{F} = -k\vec{r}$ であり，$F_x = -kx$, $F_y = -ky$ となり，したがって，$\partial F_x/\partial y = \partial F_y/\partial x = 0$ となるから，保存力である．

5.3　3 つの質点の座標を $(x_i, y_i)(i = 1, 2, 3)$ とおくと，時刻 t における質点の位置はそれぞれ，$(x_1, y_1) = (2 + vt, 0)$, $(x_2, y_2) = (-2 - vt, 0)$, $(x_3, y_3) = (0, 3 + vt)$ となる．質量中心の座標を (x_G, y_G) とすると，

$$x_G = \frac{m(2 + vt) + m(-2 - vt) + m \times 0}{3m} = 0$$

$$y_G = \frac{m \times 0 + m \times 0 + m(3 + vt)}{3m} = 1 + vt/3$$

となる．つまり，重心は $(0, 1)$ から速度 $v/3$ で y 軸に沿って移動する．

5.4　微小時間 dt の間に鎖は長さ $v\,dt$ となり，その質量は $\lambda v\,dt$ となる．初期には静止状態であったから，dt 間での運動量の変化は $\lambda v\,dt \times v = \lambda v^2\,dt$ となる．ゆえに，手からの力積は $\lambda v^2\,dt$ となり，力は $F = \lambda v^2$ となる．鉛直に引き上げた場合には，運動量の変化に鉛直部分に対する重さ $-\lambda xg$ が加わることとなる．よって，鎖に加えられる力は，$F = \lambda xg + \lambda v^2$ となる．

── 第 6 章 ──

6.1　ボトルに働く 2 つの力は，下向きの重力 mg と上向きの浮力になる．浮力はアルキメデスの原理によれば ρg に水没したボトルの容積 Ad をかけたものに等しい．釣り合いの状態では，$mg = \rho gAd_0$ となる．ボトルの深さが $d = d_0 + x$ にあるとき，ボトルの運動が従う運動方程式は以下となる．

$$m\ddot{x} = mg - \rho gA(d_0 + x)$$

釣り合いの条件を加味すると，運動方程式は

$$\ddot{x} = -\frac{g}{d_0}x$$

となる．これは，ちょうど単振動の運動方程式と同じであり，角振動数は $\omega = \sqrt{g/d_0}$ となる．興味深いのは，角振動数には質量 m，流体密度 ρ，ボトル断面積 A が明示的に関与していないことである．また，角振動数は，長さ $\ell = d_0$ の単振り子と同一となる．

6.2 キルヒホッフの第 2 法則から，コイル，抵抗，コンデンサが直列につながった (LRC) 回路に沿った電圧の総和を求めると，

$$L\dot{I} + RI + \frac{q}{C} = L\ddot{q} + R\dot{q} + \frac{q}{C} = 0$$

であり，2 階の微分方程式となる．式 6.1 と比べると，インダクタンス L は，振動子の質量の役割を果たし，電位抵抗は摩擦抵抗に対応し，$1/C$ はバネ定数 k に対応する．バネにつながった質点が摩擦抵抗を受けながら振動をする現象と LRC 回路の電流の振動が同一の微分方程式で記述でき，共通の物理を理解できることが興味深い．

— 第 7 章 —

7.1 ケプラーの第 3 法則より，周期の 2 乗は軌道半径 R の 3 乗に比例する．したがって，R が 30 倍になると，周期は $(30)^{3/2} \simeq 164$ 倍になる．

7.2 地球の質量を M とすると，重力加速度 g の大きさは，単位質量の物体に働く力に等しいから，

$$g = G\frac{M}{r^2} = \frac{6.672 \times 10^{-11} \times 5.975 \times 10^{24}}{(6.378 \times 10^6)^2} = 9.8 \tag{K.21}$$

7.3 地球の引力 GMm/r^2 を向心力 $mr\omega^2$ と等しいとおいて，$GMm/r^2 = me\omega$ となる．地表における重力加速度 $GM/r^2 = 9.8$ を用いると，$T = 2\pi/\omega = 2\pi\sqrt{r/9.8}$ であり，$r \simeq 6378$ を代入すると，$T \simeq 5070\,\mathrm{s} \fallingdotseq 1.4\,\mathrm{h}$ となる．

7.4 極座標表示では，$x = r\sin(\phi)$，$y = r\cos(\phi)$ となり，動径方向の運動方程式は時間 t で 2 回微分すること $m(\ddot{r} - r\dot{\phi}^2) = f(r)$ である．周方向の運動方程式は $m(\dot{r}\dot{\phi} + r\ddot{\phi}) = 0$ となる．$r^2\dot{\phi} = h$ を代入すると与式となる．両辺に $m\dot{r}$ をかけて，時間に関して 1 回積分をすると

$$\frac{1}{2}m\left(\dot{r}^2 + \frac{h^2}{r^2}\right) - G\frac{Mm}{r} = E$$

となる．ここでエネルギー E は定数である．左辺第 1 項は運動エネルギー，第 2 項は位置エネルギーをあらわす．

辻　義之　名古屋大学大学院工学研究科 教授

力学の基礎

2023 年 4 月 1 日	第 1 版　第 1 刷　発行
2024 年 4 月 1 日	第 1 版　第 2 刷　発行

著　者　　辻　義之
発行者　　発田和子
発行所　　株式会社　学術図書出版社

〒113-0033　東京都文京区本郷 5 丁目 4 の 6
TEL 03-3811-0889　振替 00110-4-28454
印刷　(株) かいせい

付表 1　固有の名称を持つ単位と基本単位の関係

量	SI 単位の記号	SI 単位の定義	SI 基本単位による表示
圧　　力	Pa	N/m^2	$m^{-1} \cdot kg \cdot s^{-2}$
エネルギー	J	$N \cdot m$	$m^2 \cdot kg \cdot s^{-2}$
ガス定数, 比熱	$J/(kg \cdot K)$	$N \cdot m/(kg \cdot K)$	$m^2 \cdot s^{-2} \cdot K^{-1}$
仕事率, 動力	W	J/s	$m^2 \cdot kg \cdot s^{-3}$
周波数	Hz	$1/s$	s^{-1}
力	N	$m \cdot kg \cdot s^{-2}$	$m \cdot kg \cdot s^{-2}$
比エネルギー	J/kg	$N \cdot m/kg$	$m^2 \cdot s^{-2}$
表面張力	N/m	N/m	$kg \cdot s^{-2}$
粘性係数	$Pa \cdot s$	$N \cdot s/m^2$	$m^{-1} \cdot kg \cdot s^{-1}$

付表 2　物理定数一覧

重力の加速度 (標準値)	$g = 9.80665 \, m/s^2$
重力定数	$G = 6.673 \times 10^{-11} \, N \cdot m^2/kg^2$
地球の質量	$M_E = 5.974 \times 10^{24} \, kg$
地球の半径 (平均)	$R_E = 6.37 \times 10^6 \, m$
地球・太陽間の平均距離	$r_E = 1.50 \times 10^{11} \, m$
太陽の質量	$M_S = 1.989 \times 10^{30} \, kg$
太陽の半径	$R_S = 6.96 \times 10^8 \, m$
月の軌道の長半径	$r_M = 3.844 \times 10^8 \, m$
月の公転周期	27.32 日
1 気圧 (定義値)	$p_0 = 1.01325 \times 10^5 \, N/m^2 = 760 \, mmHg$
熱の仕事当量 (定義値)	$J = 4.18605 \, J/cal$
理想気体 1 mol の体積 (0°C, 1 気圧)	$V_0 = 2.2413996 \times 10^{-2} \, m^3/mol$
気体定数	$R = 8.314472 \, J/(K \cdot mol)$
アボガドロ定数	$N_A = 6.02214199 \times 10^{23} \, /mol$
ボルツマン定数	$k = 1.3806503 \times 10^{-23} \, J/K$
真空中の光速度 (定義値)	$c = 2.99792458 \times 10^8 \, m/s$
電気定数 (真空の誘電率)	$\varepsilon_0 = 8.8541878 \cdots \times 10^{-12} \, F/m \; (= 10^7/4\pi c^2)$
磁気定数 (真空の透磁率)	$\mu_0 = 1.256637 \cdots \times 10^{-6} \, N/A^2 \; (= 4\pi/10^7)$
静電気力の定数 (真空中)	$1/4\pi\varepsilon_0 = 8.98755 \cdots \times 10^9 \, N \cdot m^2/C^2 \; (= c^2/10^7)$
プランク定数	$h = 6.62606876 \times 10^{-34} \, J \cdot s$
電気素量	$e = 1.602176462 \times 10^{-19} C$
ファラデー定数	$F = 9.64853415 \times 10^4 \, C/mol$
電子の比電荷	$e/m_e = 1.758820174 \times 10^{11} \, C/kg$
ボーア半径	$a_B = 5.291772083 \times 10^{-11} \, m$
リュドベルグ定数	$R_\infty = 1.0973731568549 \times 10^7 \, /m$
ボーア磁子	$\mu_B = 9.27400899 \times 10^{-24} \, J/T$
電子の静止質量	$m_e = 0.510998902 \, MeV/c^2 = 9.10938188 \times 10^{-31} \, kg$
陽子の静止質量	$m_p = 938.271998 \, MeV c^2 = 1.67262158 \times 10^{-27} \, kg$
中性子の静止質量	$m_n = 939.565330 \, MeV/c^2 = 1.67492716 \times 10^{-27} \, kg$
質量とエネルギー	$1 \, eV = 1.602176462 \times 10^{-19} \, J$
	$1 \, kg = 5.60958921 \times 10^{35} \, eV/c^2$
	$1 \, u = 1.66053873 \times 10^{-27} \, kg = 931.494013 \, MeV/c^2$

付表 3　接頭記号とギリシャ文字一覧

倍　数	記号	名　　称			倍　数	記号	名　　称		
10	da	deca	デ	カ	10^{-1}	d	deci	デ	シ
10^2	h	hecto	ヘ ク	ト	10^{-2}	c	centi	セン	チ
10^3	k	kilo	キ	ロ	10^{-3}	m	milli	ミ	リ
10^6	M	mega	メ	ガ	10^{-6}	μ	micro	マイ	クロ
10^9	G	giga	ギ	ガ	10^{-9}	n	nano	ナ	ノ
10^{12}	T	tera	テ	ラ	10^{-12}	p	pico	ピ	コ
10^{15}	P	peta	ペ	タ	10^{-15}	f	femto	フェ	ムト
10^{18}	E	exa	エ ク	サ	10^{-18}	a	atto	ア	ト
10^{21}	Z	zetta	ゼ	タ	10^{-21}	z	zepto	ゼプ	ト
10^{24}	Y	yotta	ヨ	タ	10^{-24}	y	yocto	ヨク	ト
10^{27}	R	ronna	ロ	ナ	10^{-27}	r	ronto	ロン	ト
10^{30}	Q	quetta	クエ	タ	10^{-30}	q	quecto	クエ	クト

大文字	小文字	相当するローマ字	読 み 方	
A	α	a, ā	alpha	アルファ
B	β	b	beta	ビータ (ベータ)
Γ	γ	g	gamma	ギャンマ (ガンマ)
Δ	δ	d	delta	デルタ
E	ϵ, ε	e	epsilon	イプシロン
Z	ζ	z	zeta	ゼイタ (ツェータ)
H	η	ē	eta	エイタ
Θ	θ, ϑ	th	theta	シータ (テータ)
I	ι	i, ī	iota	イオタ
K	κ	k	kappa	カッパ
Λ	λ	l	lambda	ラムダ
M	μ	m	mu	ミュー
N	ν	n	nu	ニュー
Ξ	ξ	x	xi	ザイ (グザイ)
O	o	o	omicron	オミクロン
Π	π	p	pi	パイ (ピー)
P	ρ	r	rho	ロー
Σ	σ, ς	s	sigma	シグマ
T	τ	t	tau	タウ
Υ	υ	u, y	upsilon	ユープシロン
Φ	ϕ, φ	ph (f)	phi	ファイ
X	χ	ch	chi, khi	カイ (クヒー)
Ψ	ψ	ps	psi	プサイ (プシー)
Ω	ω	ō	omega	オミーガ (オメガ)